U0594635

KAITUO QINGSHAONIAN YANJIE DE
TIANXIA ZHIQI CONGSHU

世界上不可思议的奇观

本书编写组◎编

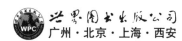

世界图书出版公司
广州·北京·上海·西安

图书在版编目（CIP）数据

世界上不可思议的奇观／《世界上不可思议的奇观
》编写组编 . —广州：广东世界图书出版公司，2010. 8 （2024.2 重印）
ISBN 978 － 7 － 5100 － 2488 － 7

Ⅰ . ①世… Ⅱ . ①世… Ⅲ . ①自然地理 – 世界 – 青少
年读物 Ⅳ . ①P941 － 49

中国版本图书馆 CIP 数据核字（2010）第 151909 号

书　　名	世界上不可思议的奇观	
	SHI JIE SHANG BU KE SI YI DE QI GUAN	
编　　者	《世界上不可思议的奇观》编写组	
责任编辑	符静仪	
装帧设计	三棵树设计工作组	
出版发行	世界图书出版有限公司　世界图书出版广东有限公司	
地　　址	广州市海珠区新港西路大江冲 25 号	
邮　　编	510300	
电　　话	020-84452179	
网　　址	http://www.gdst.com.cn	
邮　　箱	wpc_gdst@163.com	
经　　销	新华书店	
印　　刷	唐山富达印务有限公司	
开　　本	787mm×1092mm　1/16	
印　　张	13	
字　　数	160 千字	
版　　次	2010 年 8 月第 1 版　2024 年 2 月第 9 次印刷	
国际书号	ISBN　978-7-5100-2488-7	
定　　价	49.80 元	

前 言

　　地球是我们赖以生存的家园，她是一片古老而又生机勃勃的土地。由于地理纬度、海陆分布、地形等地带性因素和风化、雨水侵蚀等非地带性因素，这片土地上形成了无尽的自然奇观。面对这些自然奇观，我们甚至无法用文字描述出心中的震撼。于是，我们只好感叹大自然的鬼斧神工！

　　这些鬼斧神工的自然奇观分布在世界各地，有些远在杳无人烟的南极洲，有些在茂密的原始森林，有些在波涛汹涌的大海……我们虽然无法一一造访它们，但是我们却可以通过文字、图片、影像等资料感受它们带给我们的震撼。

　　除了这些鬼斧神工的自然奇观以外，世界上还有许多让人觉得不可思议的人造奇观。在人造奇观中，最让人赞叹的恐怕要数分布于世界各地的著名建筑了。人类在地球上已经生活了几百万年，而居住则是人类赖以生存的基本条件之一。为了解决居住问题，人们很早就开始建造住房了。在以居住为目的建筑中，宫殿和城堡无疑是最壮观，最让人觉得不可思议的。在本书当中，我们为广大青少年朋友介绍了亚洲和欧洲的一些著名宫殿和城堡。

　　不过，建筑中最为引人注目的还应该数以祭祀或宗教为目的的，如埃及的吉萨金字塔、世界各地的教堂、神殿和修道院等。

　　除了自然和人为因素造成的奇观以外，还有一类奇观是自然和人类共同的伟大创造的。其中较为著名的有中国湖北武当山的奇景——"雷火炼金殿"。当人类建造的金殿遭遇合适的自然环境时，更让人觉得不可思议的

奇观就出现了。每当雷雨交加之时，这里常常出现雷击金殿的奇观。此时雷声震天，电闪撕地，金殿周围有无数个火球在滚动、狂舞，从金殿上升起冲天的耀眼金光，数十里外都可看见。

面对这些或自然，或人为，或自然与人为因素共同铸就的奇观时，我们除了觉得不可思议之外，还能说些什么呢？我们也唯有用视觉和想象去感受它们了！

我们组织编写这部《世界上不可思议的奇观》，正是希望通过图文并茂的形式开阔广大青少年朋友的眼界，感受这些奇观的魅力！

目 录
CONTENTS

绚丽奇异的天空

 ## 阿拉斯极光

阿拉斯加州是美国最大的州，位于北美大陆西北端，东与加拿大接壤，另三面环北极海、白令海和北太平洋。按地理区划可划分为西南区、极北区、内陆区、中南区和东南区。极北区是出现极光和极昼的地区。极光最常出没在南北纬67°附近的两个环状带区域内，分别称作南极光区和北极光区。北半球以阿拉斯加、北加拿大、西伯利亚、格陵兰、冰岛南端与挪威北海岸为主。因纽特人认为极光是"鬼神引导死者灵魂上天堂的火炬"。

北极附近的阿拉斯加、北加拿大是观赏极光的最佳地点。阿拉斯加的费尔班克斯更赢得"北极光首都"的美称，一年之中有超过200天的极光现象。阿拉斯加的西娜温泉、基利、阿利阿斯卡等地也是观赏极光的好地方。美国阿拉斯加等地的天空中，美丽的极光还呈现出变幻无穷的形状，一会儿是帷幕状和弧状，一会儿又是带状和射线状等多种形状。极光瞬间变动的形体，吸引了不少观看者。

极光的形成与太阳活动息息相关。逢到太阳活动极大年，可以看到比平常年更为壮观的极光景象。在许多以往看不到极光的纬度较低的地区，也能有幸看到极光。2003年10月29日晚，在美国的阿拉斯加，极光不同于以往的绿色，呈现了更多的色彩。当夜，红、蓝、绿相间的光线布满夜空中，场面极为壮观。虽然这是一件难得一遇的幸事，但在往日平淡的天

空中突然出现了绚丽的色彩，在许多地区甚至还造成了恐慌。

在美国阿拉斯加州费尔班克斯还出现过黑极光。黑极光是指正常亮极光之间的暗带，也称反极光。正常的极光是电子或带负电的粒子沿着地球的磁场冲向地球大气，撞击地球大气分子，使它们电离而发出的光辉。黑色的反极光，则是地球电离层中带负电的粒子，从地球磁场线的间隙被吸出去所产生的现象。这种黝黑的反极光延伸的高度可达 2 万多千米，持续时间有时长达数分钟。

阿拉斯极光

产生极光的原因是来自大气外的高能粒子（电子和质子）撞击高层大气中的原子的作用。这种相互作用常发生在地球磁极周围区域。现在所知，作为太阳风的一部分带电粒子在到达地球附近时，被地球磁场俘获，并使其朝向磁极下落。它们与氧和氮的原子碰撞，击走电子，使之成为激发态的离子，这些离子发射不同波长的辐射，产生出红、绿或蓝等色的极光特征色彩。在太阳活动盛期，极光有时会延伸到中纬度地带。例如，在美国南到北纬 40°处还曾出现过北极光。极光最后都朝地极方向退去，辉光射线逐渐消失在弥漫的白光天区。造成极光动态变化的机制尚示完全明了。

大多数极光出现在地球上空 90～130 千米处，但有些极光要高得多。在地平线上的城市灯光和高层建筑可能会妨碍我们看光，所以最佳的极光景象要在乡间空旷地区才能观察得到。

阿拉斯加的极光是吸引游客的一大亮点，而另一个亮点是当地居民。因纽特人自称为"因纽特人"，在因纽特语中即"真正的人"之意，多住在北极圈内的格陵兰岛（丹麦）、加拿大的北冰洋沿岸和美国的阿拉斯加州。因纽特人都是矮个子、黄皮肤、黑头发，这样的容貌特征和蒙古人种相当相似。因纽特人是由亚洲经两次大迁徙进入北极地区的，经历了4000多年的历史。在世界民族大家庭中，因纽特人无疑是最强悍、最顽强、最勇敢和最为坚韧不拔的民族之一。

因纽特人建造的冰屋

传统的因纽特人过着近乎原始的生活，他们四处打猎，靠天吃饭，生产力水平非常低，每天为食物而奔波。与之相适应的是，因纽特人有共享自然资源的传统，只有武器、日常生活用具和衣服归个人所有。现在真正的因纽特人大约只有15万人，他们的生活今非昔比，已经相当现代化了。

 # 南极白光

20世纪40年代，美国探险家华诺带领探险队一行八人，进入了常年冰封的南极大陆。

这是南极夏季的一天。一大早，晴空万里，阳光普照，华诺和队员们出发了。可是，不知不觉地，天上却出现了一缕淡淡的薄云，接着云层逐渐加厚，高度也在不断地往下降。突然，周围的景观消失了。

"奇怪！"队员们顿时感到十分惊讶，"这样晴朗的天气，怎么会突然翻脸？"这时华诺若有所思。他揉了揉眼睛，向天上看、向地面看、向周围看，所见之处全都是白晃晃的一片。远山没有了，近谷也没有了，地平线消失得无影无踪，万物统统"溶解"在无边无际的白光之中。

这时候，华诺又突然连眼前的东西也看不见了，而眨眼之间，更连站在自己身旁的同伴也不见了。

"天啊，我们遇上了白光！"华诺这才明白。这就是许多著名探险家曾谈起的一种恐怖的大气光学现象。应付白光的唯一方法是原地不动，静等白光消散。华诺立刻大声呼喊："大家原地不动！就地宿营！"提醒着近在身旁但却怎么也看不到的队员们。睁眼瞎似的队员们，由于对周围情况不了解，生怕掉进冰缝里，只有就地安顿下来，谁也不敢动一下，等茫茫白光溶化一切。这次白光出现的时间达一天一夜，所幸的是探险队员们逃脱了这场灾难。

飞机如果在白光中飞行，飞行员会觉得像是在牛奶瓶中或是在乒乓球中飞行一样，没有天地之分。飞行员在完全光亮的环境中，无法估量物体的轮廓、大小和距离，看不到地面和冰雪，说不定什么时候飞机就撞到了地面上。1958 年，在埃尔斯沃斯基地，一名直升机驾驶员突然遇到白光，不知该向哪个方向飞，结果机毁人亡。1971 年，美国一架飞机也因突然遇上白光而坠落地面，连同飞行员一起葬身于白光之中。车辆在白光中行驶也是非常危险的。南极冰原上常有巨大的裂隙，在遮蔽一切的白光中，弄不好就会连车带人一起掉进去。在这种时候，人们会感到白光像黑暗一样恐怖，而且更甚。在黑暗中，哪怕是一片死黑，只要有一盏灯，或是一把手电筒，一个火把，就不用怕了。可是迄今却没有什么办法能够把这种白光驱散！

科学家们经过实际考察，指出白光是弥漫在天空中的小冰晶引起的。由于极地地区天气寒冷干燥，空气中的水汽含量非常少，云层的密度也很小，而且云中都是细小的冰晶，下降的雪都是粉末状冰晶，因此吸收太阳光的能力很弱。大量的阳光穿透云层直射地面上的冰雪，而冰雪又强烈地反射阳光，被反射的光碰到云层再次折向地面……经过多次反射，光线散漫四面八方，天地间的光线越积越多，各处的光亮愈趋均匀，当天空、地面、周围的冰雪全达到同一亮度时，"白光"，便出现了。白光出现时，太阳辐射比较稳定，气温也较高，整个环境完全光亮，完全没有光暗比例，一切都没有阴影，一切影像都消失了。

 ## 日月并升

在离浙江省杭州市 82 千米的海盐县，在南北湖风景区的云岫山鹰窠顶，

有时可以观赏到太阳和月亮在地平线上几乎同时升起的奇妙景象，人们称之为"日月并升"。

"日月并升"现象曾在当地群众中世代传说，在明代古书上也有记载。但由于种种原因，这一奇景几乎被淹没了上千年，直到1980年杭州大学的冯铁凝先生从古书中发现后，于当年农历十月初一会同武林中学的谢秉松老师来到鹰窠顶上，才有幸见到了太阳和月亮在凌晨并升的奇景。消息一传开，引起了很多游人莫大的兴趣。此后，每逢农历十月初一凌晨，都有数千人前往观看奇景。

凌晨5时许，游人成群结伴登上鹰窠顶，远眺茫茫东海，一会儿，一轮红日从水天相连处喷薄而出，稍后同红日一样大小的淡黄色"月球"，在红日边上冉冉升起，红黄两球同时缓缓跳动，忽沉忽浮。这时候，天空中霞光缥渺，平静的海面经晨风吹拂，像无数匹彩绸，向远处伸张，奇丽无比。

据考察，1984～1985年2年间，"日月并升"出现时间最短的有5分钟，最长的31分钟，一般持续15分钟左右。

过去民间流传日月并升奇景只有狗（戌）年才能看到，也有的说要上月（九月）大（即为30天），下月（十月）初一才能看到。但是从1981年到1983年的每

鹰窠顶

个十月初一均未出现日月并升现象。然而在1984年到1985年却有不少人饱了眼福。奇怪的是，1984年（闰年）有两个农历十月，在正十月初一、初二奇景不露面，初三它却出现了15分钟，初四还可看到，直到初五仍出现了5分钟；而在闰十月初一，日月并升又出现过一次。1985年农历九月只有29天，但在十月初一仍有不少人见到了这一奇景。

有幸看到日月并升奇景的人们，对于景象的描述都不尽相同。明代陈

梁看到的景象是"日月摩荡不止"。即太阳先升，随后月亮很快升起，并入太阳当中，这时候"残蜃忽送月印日心，两轮合体，雪里丹边相摩荡，还转不止"。大多数观看到这种情况的人，事后往往说他们看见初升的太阳中突然有个黑影出现，在日面上跃动。接着太阳的光线增强，黑影就消失了。黑影是否就是月亮则难以肯定。

有时，一轮红日先从地平线上升起，不久在太阳旁边跃出一个暗灰色的月亮，并在红日左右、上下跳动，当月亮跳入太阳时，太阳表面大部分被月亮遮住，颜色变暗；有时日月合为一体，重叠同时从海面升起，太阳圆面略大于月亮圆面，因而在太阳圆面周围露出一圈显出血红和青蓝色的光环；有时，月亮抢先从海面升起，几乎在同一水平线上太阳随之露出来，太阳托着月亮一起跃动；有时月影先在日轮之下，后又跳出日轮，围太阳周围跃动，月影部分闪现出月牙状；也有时月影和日轮一起升起，并在日轮中跃动，直到月影消失。

早在2000多年前的汉代，就有"日月合璧"之说，即所谓"日月如合璧，五星如连珠"（《汉书·律历志》）。《辞海》对"日月合璧"的解释为："谓日月同升，出现于阴历的朔日。在我国很少见。"人们把这种奇异现象看成是祥瑞的象征。但到目前为止，仍没有作出科学的解释。

陈梁所谓的"月印日心"，就好像是日食一般，而日食不可能年年在农历十月初一出现。同时，日食在许多地方都可观察到，不会仅限于鹰窠顶等不多的几处。也有人认为，这是眼睛长时间注视太阳，视觉出现疲劳造成的幻觉。

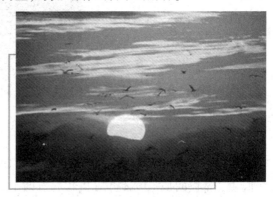

游客拍摄到的"日月并升"

有气象学家认为。"日月并升"是一种"地面闪烁"现象，是由于自然条件比较特殊，冷暖气流垂直移动频繁，空气密度不断变化，太阳光线在瞬息变化的不同密度的空气层中传播，会产生各种异常的折射现象。这时看到地平线上的太阳，有时会呈现出奇形怪状，有时仿佛忽上忽下、忽左忽右地在天边跳动着。

也有天文学家认为，云岫山上的鹰窠顶背山面海，没有任何掩遮物体，而顶峰同远方水天相连处基本保持平射线角度。由于天文因素，太阳到农历十月初一移到东南向起升，而这天月亮正好移到太阳旁，形成了"日月并升"的奇观。

 ## 日落碑现

日落碑现的奇观，出现在贵州省织金县。晴天，从午后到日落前，人们站在织金县城附近的西南或西北，面向东北、东南的山间远远望去，前方马鞍山腰的向阳峰峦中便会出现一座白色透明的石碑。石碑高约 10 米，宽约 5 米，挺拔逼真，轮廓分明，仿佛有光。这座石碑最亮的时候，人们隐约可见碑文数行，好似在石碑面上飘忽，继而幻灭无影。当天气乍晴乍阴时，巨碑则随之或现或隐，或明或灭，神秘莫测。

其实，山上是没有什么石碑的。有人曾在山中寻觅石碑之踪影，但总是一无所获。真可谓："众口皆碑不是碑，红日西斜现东门，亭亭玉立成真景，曾使游人疑鬼神。"这神秘的"日落碑现"奇观成了千古之谜。

科学家经过长期研究分析，发现日落碑现原来是大自然玩的魔术。在织金县城东北方，约2000 米远处有一座马鞍山。山的侧方支脉有一条小山梁，山梁上有一灰白色的石笋拔地而起。石笋高 10 多米，宽 30 余米。石笋相距马鞍山的主山体 40 多米，其间有一断层深涧，支脉尾部是一座与马鞍山相当高度的山峰。

每逢晴天午后，西斜的阳光使山峰投影在马鞍山的胸部，这样，马鞍山上的草木越发浓郁幽暗，恰好形成石笋的天然背景。这时西斜的阳光正照在石笋上面，回光正好反射到马鞍山上，便在阴暗的背景上映现出一块形态逼真、巍然屹立的透明的"石碑"了。

除了日落碑现的奇观，大自然中还有瀑布显字的奇景呢！这种奇景出现在云南省鹤庆县朵美乡境内一个叫神龙门的地方。

　　神龙门是一个大石洞。洞口藤蔓掩映，野花怒放。一清一浊两股河水从洞中涌出，在洞口垂直跌落成十分壮观的瀑布。浊水有如缤纷的彩帘，五颜六色；清水却玉洁冰清，"一尘不染"。一洞两瀑分为两色已是一大奇事，更奇的是直下的清水瀑布前，游人可以看到银色水帘上能显出字迹，鸽地人称它为"缟裙显字"。

　　"缟裙显字"是同太阳一起出现的。往往是日出之前，向导就带领游人登上了山峰，并安排在神龙门对面的一块巨石上，这里正好对着瀑布，迎着将要出现的太阳。人们翘首注目，等着等着，东方天边的云彩渐渐地红亮起来了。一眨眼间，一轮红日随着绚丽的朝霞冒出山顶，金色的阳光直接射在瀑布上，仿佛有一只看不见的巨笔在徐徐地移动着，渐渐地，那银色的瀑布上便赫然显现出四个隶书大字——"一品当朝"。

　　奇怪，为什么瀑布会显出字迹呢？经过仔细勘查，原来在神龙门对面的山峰上，竖着一块十丈见方的白石。白石晶莹如玉。古代书法家在白石上面镌刻了"一品当朝"四个隶书的大字。每当旭日东升之时，白石映在神龙门下的池水中，由于太阳光线的折射作用，白石上的字便反映在瀑面之上，于是形成了瀑布显字的奇观。

峨眉佛光

　　四川省西南部的峨眉山，佛家称之为"光明山"，从前一直蒙着一层神秘的色彩。千百年来，那些虔诚的善男信女，怀着求仙拜佛的愿望，一步一叩首地爬上山去祈祷人寿年丰。

　　人们登上峨眉山主峰金顶（海拔3077米）。如果正当天气晴朗的午后时分，环顾四周，只见白云茫茫，波起涛涌，汪洋无际，似乎这里已不是人寰尘世，"仙"与"凡"之间的隔阂已经消逝了。这时，金顶佛寺庙里钟声大作，寺僧宣告"佛将大观"。说时迟，那时快，在人们面前的深谷云底中，蓦地出现一轮巨大的光环，开始是白色，后来又变成了彩色。有时近到似乎举手可触。如果更巧一些，光环中还会出现硕大的影子，你抬手，它也跟着抬手，你移步，它也照样移步。这一神秘的现象，佛门弟子众口一辞地说它是"我佛如来"的"佛光"，还会引用《楞严经》中的话："世尊于狮子座上放宝光，远灌十方。"

相传东汉永平年间，有位采药蒲公为追踪鹿迹，在峨眉山顶发现了"佛光"。经印度宝掌和尚指引，认识到佛光就是"普贤祥瑞"。后来，蒲公在峨眉金顶建造了普光殿（也称光相寺）供

峨眉佛光

奉菩萨，从此开创了峨眉山佛教的历史。"光相"就是古代所说的"佛光"，或称"宝光""祥光"。

其实，峨眉佛光是由于峨眉山所处的特殊地理环境所造成的，是太阳光线玩的把戏。金顶雄踞峨眉山之巅，山中空气湿度很大，半山腰云雾缭绕，日出后半小时~上午9时，或下午3时~日落前1个小时，当阳光照射到云雾上时，悬浮在云雾中的小水滴往往起到凸透镜的作用，所以在云雾水滴后面的云层上，就可能造成一个太阳的实像。这实像从云雾后面发出光线，这些光线穿过无数个云雾小水滴之间的小孔隙，分散成彩色光环，紫色在内，红色在外。有时太阳光线强烈，人们看到的是一个巨大的七彩光环，从外到里，按照红橙黄绿蓝靛紫次序排列；有时太阳光线较弱，看到的只是几道彩环，层次模糊；有时看到的只是一个白色的大光环；有时还会出现罕见的几重光环，越是向外，彩色越淡。至于光环中的影子，其实就是人的身影。当你面向云雾背向太阳时，太阳光从背后射来，你的影子就正好投在光环里面了。头像在光环中心，你的一举一动，也都在光环中表现出来。由于这种光环和一些佛像头上画的彩色光圈十分相似，迷信的人就把它说成是佛光了。

山东泰山岱顶碧霞祠一带，也经常出现佛光，当地人称为"碧霞宝光"。相传，泰山佛光的出现是碧霞祠中的泰山女神显灵，接引那些"幸运

儿"到极乐世界去。世间的凡夫俗子有幸见到泰山佛光，就会被超度为神仙。吕洞宾在泰山修炼成仙，就是因为见到了泰山佛光。这些美丽的神话传说，更为泰山佛光蒙上了一层神秘的色彩。自古以来，它吸引着无数旅人游客怀着虔诚的希冀，攀登泰山，乞求佛光的福佑。事实上，在泰山看佛光，主要是在夏、秋两季，因为这时候的泰山最具备产生佛光的气象条件。据记载，我国和国际有关组织曾在 1932 年 8 月至 1933 年 8 月的一年时间内，在泰山共观测到 6 次佛光；1980 年 10 月份也曾连续 3 次出现。湖北省神农架主峰神农顶（海拔 3105 米）也是一个频频出现佛光的地方。

佛光实不为峨眉山、泰山和神农架所独有。《读史方舆纪要》及《汝宁府志》记载，河南省确山县东南 25 千米处有座佛光山，"势极高峻，常有光焰"，"春时天气晴霁，常现圆光，初如明镜，渐如车轮"。又据《滇志》所记，洱源县也有一座佛光山，与该地毗邻的还有"佛光寨"，平日云雾缭绕，时有光环。山西五台县的佛光寺，大概也是因现佛光命名的。佛光寺大殿建于唐大中十一年（公元 857 年），距今有 1000 多年。说明佛光这一现象，1000 多年前在五台山就引起人们注意了。

由于这种光象最早在峨眉山发现，又以峨眉山出现的机会为多，所以在气象学上称它为峨眉宝光。随着旅游事业的发展，我国发现宝光的名山越来越多。安徽黄山、江西庐山、福建武夷山，以及浙江的天目山、雁荡山等，都有这种神奇而玄妙的自然现象。

雷火炼金殿

湖北省均县武当山是我国道教名山，也是武当派拳术的发源地。武当山主峰天柱峰顶端的金殿，建于明代永乐十四年（公元 1416 年），全用铜铸部件拼合而成，外鎏赤金，总重约 9 万千克，是我国现存最大的铜建筑物。

大殿高耸天端、宏丽庄重。金殿的殿檐重重叠叠，宫殿的翼角往上翘，上面雕刻着许多神仙和鸟兽图案。殿壁焊接严密，殿内栋梁和藻井都有精细的花纹图案。殿内宝座、香案，陈设的器物也都是铜质金饰。宝座上真武大帝铜像重达 10 吨，披发跣足，衣纹飘动。左右侍立金童玉女、水火二将，均为铜铸，仪态生动，形象逼真。据明代思想家李贽《续藏书》介绍，当时为建造这座真武金殿，使"天下金几尽"。金殿经历 580 多年的严寒酷暑，风吹雨打，雷轰电击，至今仍完好无损，金碧辉煌，绚丽夺目。

令人惊心动魄的是，每当雷雨交加之时，这里常常出现雷击金殿的奇景。是时雷声震天，电闪撕地，金殿周围有无数个火球在滚动、狂舞，从金殿上升起冲天的耀眼金光，数十里外都可看见。

"奇观！奇观！"敬香的善男信女大为叹服。一个个传说越来越离奇。有人以为这是天神怕人把金殿弄脏，怕人把殿内宝贝偷走，便派雷公雨师来巡视监察。有人说，这是天神在金殿咆哮、发怒，以"雷火炼金殿"警告图谋不轨的小人。这些传说明显是迷信。然而，似乎每经一次雷轰电击，金殿都

"雷火炼金殿"

完整无损。"雷火炼金殿"究竟是怎么回事呢？原来这是一种自然现象。

高高的天柱峰，其海拔达 1612 米，屹立在其顶端的金殿其实是一座庞大的接地导电体。武当山重峦叠嶂，受热不均，空气很容易上下对流而形成积雨云，加上山中风向异常混乱，使云层之间摩擦频繁而带上大量电荷。带有大量电荷的积雨云移向金殿，到达一定距离时，云层与金殿上的尖角之间形成了很大的电位差，云与金殿间便会迅速放电，电闪雷鸣，就产生"雷火炼金殿"的奇观了。

"雷火炼金殿"的雷火，就是气象学上所说的从云层到地面的云地闪电，它叫"落地雷"。落地雷所形成的强大的电流，炽热的高温，丰富的电磁辐射，以及伴随的冲击波等，具有很大的破坏力。金殿饱经雷轰电击仍然屹立无损，充分说明我国古代冶炼、铸造和建筑工艺技术的高超，绝不

是什么"天神"在作怪。

 天降五彩雨

从天上降下的雨，大都是无色、透明的，然而在有些地方，天上却下过红雨、黄雨、黑雨，及其他颜色的雨呢！

1608年的一天，法国普罗万斯城的天空中，密布着深红色的云彩，很快就落下了一阵血红色的雨，引起全城居民的恐慌。后来，人们发现这是由于来自大西洋的庞大气旋，从北非沙漠把大量微红色和赭石色的尘土带到空中，并同云中的水滴凝聚在一起，被带到普罗万斯城上空，落了下来成为红雨的。

由于红雨的颜色多呈血红，所以人们又叫它血雨。1813年，意大利的曾费城下过一场血雨。当时有人曾这样写道："居民们看见了从大海那边飘来了稠密的乌云。到中午时分，乌云遮盖了附近的山麓，并开始遮住了太阳。乌云起先是浅红色，后来变成了火红色。忽然间，黑暗笼罩了城市，以至坐在屋里不得不点灯……黑暗继续加深，而整个天空仿佛像一块烧红了的烙铁。雷声隆隆，大颗粒的微红色的雨滴开始落下来。这些雨滴，有人把它看做是鲜血，也有人看作是熔化了的铁水。"

其实这场血雨是龙卷风捣的鬼。它把附近铁矿山上的红色铁矿粉（氧化铁）卷到空中，空气里的水汽以这些铁矿粉作为凝结核，凝成雨滴降落下来，于是便成了血雨。

1903年2月21~23日，在欧洲大陆的许多国家，以及英格兰南部和威尔士等地，连续几天闷热，能见度极差，接着遭到了红雨的袭击。这种红雨实际上就是颜色有些发红的灰尘。仅对英格兰和威尔士的估计，从天上倾泻下来的灰尘量至少有1000万吨。据研究，这些灰尘来自非洲摩洛哥。受欧洲西南部反气旋的影响，细尘沿反气旋西侧的气流冲向北方，使英国等地降了一场红雨。

1983年6月6日，我国云南省红河南岸的绿春县，先后两次天降深红色阵雨。雨到之处，地面上一切东西都被涂上一层血红色。据气象部门分析，这是由于 6 月 4~5 日，孟加拉湾到缅甸一带有一个低气压发展，使大片积雨云在气流吹动下向滇南移动。5 日夜间，广西西部的冷空气南下，影响到滇南红河南岸一带，与来自孟加拉湾的低气压汇合，形成尘卷风，将大量的松散红尘卷到空中，溶化于雨水，降至绿春县境内，形成了这场罕见的红雨。

天降黄雨的现象，在我国一些地方比较常见。据科学家分析鉴定，发现黄雨主要是由于植物的花粉组成的，所以气象学上也叫它花粉雨。东北大、小兴安岭地区，每年 5~6 月间常会出现黄雨，这是红松树的松针花粉染色的结果。因为这时松针花粉盛传，那浩瀚林海上空的黄色花粉和大气里的水汽粘在一起，凝成雨滴落下来，就成为纷纷的黄雨了。

1976 年 8~9 月间，我国江苏如皋、海安、靖安等县，以及长江南岸的沙洲县都发现过黄雨。黄雨降落时呈液态或糊状，常掉落在植物的叶子、屋顶和田地上，降落到地面后即成扁平状，如半瓣黄豆样，呈淡黄色或褐黄色。一般持续降落数分钟至十几分钟，下落范围有几亩至上百亩。有关方面分析研究证明，上述黄雨中的黄色物质是由榆属、禾本科和菊科等植物的花粉组成的。奇怪的是，它与蜜蜂粪便的成分一样。原因是由于当地有很多养蜂场，大量的工蜂群远飞采花，归途中，在几百米的高空遇到了较坏的气象条件，为了减轻体重便排出粪便，从空中落下，形成了黄雨。

1962 年 6 月 26 日下午，马来西亚丰盛港突然降了一阵黑雨。雨落下时好像一颗颗黑色的玻璃珠在地面上跳动着。大雨过后，那里的河水都变成了黑色。经分析研究发现，原来是大风把马来西亚的黑土层表面细土卷到空中，黑土便伴随着雨水一起降落下来形成黑雨了。

1986 年 4 月 24 日早晨，伊朗德黑兰上空阴云密布，居民们在家里都开了电灯。中午，连续降了半个小时的黑雨。街道、汽车和建筑物都被浇黑，雨中行人的衣服上布满了黑色斑点或黑色条纹。降雨期间天空如墨，人们只得用灯光照明。30 分钟后，又下了一场大雨，才把大部分黑色污染物冲洗干净。经化验，雨水中有磷和硫磺。科学家说，德黑兰南部几天前曾发生一次大火，黑雨和那场大火有关。

1994 年 1 日 6~7 日，四川省重庆市 6 个区县的约 120 平方千米的范围内下了黑雨。这是重庆地区大气污染造成的，飘浮在空中的煤烟、汽车尾气等污染物与雨结合后，雨水就变得混浊发黑。

在世界上，有些地方还曾下过蓝雨、绿雨和白雨。这些怪雨的形成原因相似。1954 年春季，美国达文波特城下过一场蓝雨。据分析，这种雨水含有白杨和榆树的尚未成熟的花粉，花粉中色素一溶于水很快就变为天蓝色，是龙卷风把这些花粉带到高空后溶于雨水的。

1960 年 6 月初，前苏联的高加索州、莫斯科州，以及伯绍拉、科米和切利亚宾州等许多地区，都下过绿色的大雨。雨后地面上留下一种深绿色的沉淀粉末。雨水一干，这些绿色的尘末就飞扬起来了。前苏联科学院总植物园对雨后地面上留下的绿色粉末进行了分析研究，证实这些粉末是针叶树（大多是松树）的花粉。暴风把针叶林中的大量花粉刮起，与云中水滴混合起来落到地面，成了罕见的绿雨。

1980 年 11 月 4 日，在久旱无雨的印度尼西亚巴厘岛的一个村子里，突然下了一场白颜色的瓢泼大雨。这场白雨几乎全部落在只有 5 平方米的一块土地上。一连 3 天下个不停。村子周围数里外的人们闻讯纷纷赶去观赏这一奇景。当时，印尼有关部门立即派人提取白雨样品进行了研究，发现是由于旋风经过产石灰的地方时，将石灰卷上高空，混在雨水中落下而形成了白雨。

 ## 准时的大雨

大雨怎么会知道时间，并准时到来呢？世界上还真有这样的奇观呢！准时的大雨主要有"喊雨"、"报时雨"和"夜雨"。

我国台湾省屏东县与台东县交界的崇山峻岭之间有一个湖泊，当地人称它为"巴油池"。人们来到湖边，只要对着湖泊高喊一声，不管当时的天多么晴朗，甚至烈日当空，云雾也会立即从东、西两个方向汇拢过来，笼罩山谷，盖住湖面，并带来一阵小雨，有人形象地称之为"喊雨"。但不久就云散雨止，太阳又露出笑脸。有人认为，这里处于高山地区，气流不稳定，加之东、西两岸的气流不断侵入，空中水汽十分充沛，受声浪激荡后，上下层气流对流加剧，水汽迅速达到饱和点，因此云起雨落。

在云南高黎贡山中的一些湖泊，也会产生喊雨现象。不论是谁，只要站在湖边大声呼喊，就会使本来晴朗的天空，瞬时变得乌云密布，狂风呼啸，大雨滂沱。1978年6月的一天上午，中国科学院昆明动物研究所一行十几人，来到云南碧罗山上的子里湖畔采集标本。临近中午，晴空万里，骄阳似火，大家汗流浃背。忽见草丛中跑出一只麂子，"砰!"有人开了一枪，麂子应声倒地。当他们扛着麂子在山坡上行走时，霎时间大雾迎头罩来，蓝天变得昏暗了，地面咫尺莫辨，接着就是狂风呼啸，大雨倾盆。大家急忙往营地奔，结果却迷了路，直到下午4点左右才陆续找到了驻地。

碧罗山海拔3500~4000米，山上有大小不等的湖泊几十个。这里四季界限不明显，只有干季和湿季之分，每年11月至第二年4~5月为干季，5~10月为湿季。枪声引来大雾、大风和暴雨的现象就发生在湿季。据当地人介绍，在干季，即使枪声震天，也招不来大雾、大风和大雨。

科学家对这些能"呼风唤雨"的湖泊进行了研究，认为这种现象与当地的地形和气候条件有关。湖区湿季里高温高湿，但湖水却源自山顶雪水，温度极低，从而在湖面上保持了一个低温层。由于这些湖泊处于山谷洼地，平时很少有风，这使湖面的低温层与上空的高温高湿空气层能保椿极不稳定的平衡，一旦有外界的声浪冲击，就会导致上、下空气层的剧烈对流，造成猛烈的狂风。同时，湿度大的空气遇到冷空气又迅速凝结成水滴，于是顿时云起雨落了。

"报时雨"主要出现在一些赤道地区。巴西的巴拉市每天都要下几场雨，每一场都在一定时间下。市民们便把这种准时的降雨当做"报时钟"。这里气候炎热湿润，一天内的天气变化也很有规律。清晨，海面湿度和气温都比较低，海水蒸发微弱，空气中水汽稀少，所以天空万里无云，霞光灿烂。此后海面温度不断增高，蒸发随之增强，使低层空气变得又暖又湿，源源不断地往上升腾，在空中冷却凝结成大块的积雨云。到中午12点左右，积雨云发展得又浓又密，空中有大量水汽，天气变得又闷又热。随着云中水汽的翻滚对流，小水滴变成大水滴，到下午2~3时，在重力作用下落到地面，大雨也就下开了。一场倾盆大雨过后，空气中的水汽大大减少，乌云飞散，到下午 4~5 时后天空放晴，凉风送爽，空气显得格外清新。到了夜晚，海面温度和低层空气温度降低，空气对流运动减弱，云也就难以形成，此时碧空如洗，繁星满天，明月高照，微风阵阵，令人心旷神怡。这就是靠近赤道的一些地区的天气变化规律，也是奇怪的报时雨形成的原因。

至于"夜雨"这种降水现象，也有规律可寻。陆上降水资料统计表明，在我国东部平原地区，日雨（每天上午 8~晚上 8 时）多于夜雨。而在西部山区，虽然山脉上部仍以日雨为主，但在河谷、盆地中却是夜雨比日雨多。在青藏高原上，拉萨位于拉萨河河谷中，日喀则位于年楚河河谷中。还有河口位于元江河谷中，敦煌一带位于河西走廊西部，夜雨都占年降雨量的 80% 以上。青海柴达木盆地和湟水河河谷等地，夜雨也超过了 70%。

这些地方地处青藏高原，海拔都在数千米以上。当太阳快下山时，河谷、盆地的地面就开始降温了，山坡上的空气温度随之冷却，冷空气密度大，必然沿山坡下沉谷底，慢慢地把河谷中原来密度比较小的暖湿空气抬升向上，当抬升到一定高度，其中的水汽凝结成云。云层形成后，云顶的辐射冷却又促进河谷中上下对流，夜雨便在这样特殊的地形影响下形成了。云层以外的高山顶部和远处的平原，当时天空依然沐浴在溶溶月光之中。

我国四川、重庆、贵州、云南、陕西等省（市）有许多河谷、盆地多夜雨，是受地形性的影响而形成的。尤其是四川各地的夜雨要占年降雨量的 60% 以上，四川盆地西部和西南部的边缘地区夜雨更多，如雅安、峨眉山、乐山等地夜雨雨量超过年降雨量的 70%，荥经的夜雨则超过 80%。四川西接青藏高原，盆地四周又为群山所环抱，地形闭塞，气流不畅，空气较潮湿，云多雾重。云层挡住了部分太阳辐射，白天云下气温不易升高，对流较弱。而入夜后，云层吸收来自地面辐射的能量，并把热量输送给地面，因此使夜间云下气温不致过低。而云层上部却迅速辐射冷却，易使水汽凝结。这种上冷下暖的不稳定气层结构，利于夜雨的产生。尤其是川西紧靠高原，高空盛行西风。夜间高原上经由地面辐射冷却的冷空气流向该区上空，而低层原有的空气较暖，上下温差较大，容易产生对流，促成降水。所以四川盆地西部的夜雨特别多。唐代诗人李商隐在《夜雨寄北》诗中这样两次提到了巴山夜雨："君问归期未有期，巴山夜雨涨秋池。何当共剪西窗烛，却话巴山夜雨时。"大巴山地处四川盆地东北部，夜雨占年降雨量50%左右，并不算高，但这里却是四川秋雨最多的地方。资料统计，巴山总雨量接近400毫米，若按夜雨率折算，秋季也有200毫米的夜雨量。加上这里9月份暴雨较多，一场较大暴雨后，"池"会"涨"起来的。

 ## 天降动物雨

1863年10月24日，英国作家约翰·克林杰斯在一封信中写道："不久前在诺福克的小乡村埃克尔降下过小蛤蟆。蛤蟆多得都爬进屋里，当地小饭馆的老板不得不满簸箕满簸箕地把小蛤蟆扔到火堆里，或者把它们扔到后院去。第二天蛤蟆消失得那么突然，就像出现时一样。"

1960年3月1日下午，法国南部地中海沿岸的土伦地区，随着乌云翻滚，惊天霹雷，无数只青蛙从灰暗的天空"飞"降至地面，有的被摔得头破血流，有的还在呱呱地叫哩！

在我国，1983年5月11日14时许，河南省桐柏县彭庄村伴着7级风普降大雷雨。10分钟内，大约1平方千米的小山坳里。随着雨水落下无数只黑褐色的蛤蟆。据估计，蛤蟆雨中心的稠密地带每平方米落蛤蟆约100只。这些蛤蟆只有一截指头大小。雷雨过后，这些蛤蟆跳跃不停，并迅速向附近坑塘及水沟方向移动。

我国古籍中有不少关于鱼雨的记载。清代褚人获《坚瓠集》一书中曾大量引述"雨鱼"之事："《汉书》：鸿嘉四年（公元前17年）雨鱼于信都，长五寸许。《唐书》：元和十四年（公元819年）二月，昼有鱼陨于郓州。《述异记》：雍州雨鱼，长八寸许。《庚申外史》：至正二十五年（公元1365年）六月，大都雨鱼，长尺许，人皆取食之。明嘉靖壬戌（公元1562年）三月二十三日，山东德州雨鱼三日，《辍耕录志》云：天雨鱼，人民失所之象。《天都载》载：万历丁酉（公元1597年），楚王府后有长春寺，绕以澄湖，湖与外河通，寺前莲台忽龙起，莲叶间雨如倾，鱼皆乘水上升，从云中散落百里内。家家获鱼。少陵诗'骤雨落河鱼'，此诚理所有者，但正史所载天雨鱼甚多，未可概视为河鱼散落也。"

　　国外有关鱼雨的记录也很多。例如1861年2月新加坡曾连降几天大暴雨。雨后，人们发现在50英亩的土地上，到处都是鱼。当地居民证实鱼是从天下掉下来的。

　　1918年8月24日15时前后，英国散杰连德南部亨唐的不大一块土地上，佃农在躲大雷雨时，突然看到天上往下掉小鱼。鱼只落在三条小路上以及这三条小路之间的小花园里。雨水把小鱼冲进沟里，然后从沟沿顺着排水管掉下来。当地报纸报道了这件事，并认为当时降下来的是大量的小青鱼。

　　有时，天上还会降下泥鳅雨、螃蟹雨、海虾雨、海蜇雨呢。1984年8月6日14时许，黑龙江省逊克县干岔子乡东升村西北就下了一场泥鳅雨，一时把村里的人惊呆了。这天东升村刚下过一场暴雨，随之刮起了5~6级的风，1小时后雨势越来越大，紧接着又开始下起冰雹。这时随着冰雹从天上降下难以数计的泥鳅来，泥鳅落地后活蹦乱跳。小孩子们纷纷用脸盆来装，鸡鸭也赶来争食。

天降"鱼雨"

　　其实，天降蛙雨、鱼雨，都是有来头的。据科学家验证，这类怪雨常常发生在大雷雨时，或者发生在离雷雨几百千米的地方，这表明它是由龙卷风或大风暴引起的。1960年法国土伦地区下的蛙雨，就是龙卷风把别处池塘中的水和青蛙卷入天空，带到这一带落下来的。1949年新西兰下的鱼雨也是龙卷风把海里的鱼吸到空中造成的。

　　奇妙的是，在有些地方，天上还降过鸟雨！1962年湖南省安化县梅城镇落了一场麻雀雨，几万只麻雀从天上降落下来，雨过之后人们在城内一个中学的操场上拾起六箩筐多的麻雀。1977年9月，美国加利福尼亚州的路易斯奥比斯堡，突然从空中降下了500多只死的和半死不活的乌鸦和鸽子。1978 年 1 月 3 日，在英国诺福克郡有 136 只鹅从天而降。只是落到地面前都已被冻得僵硬了。1990 年 7 月 29 日 15 时许，在我国洞庭湖区南县沙港乡八一村 14 组地方，突然乌云密布。风驰电掣，倾盆大雨，当地居民忽见豆大的雨滴中夹着许多只鸭子从空中降落地面。有的落到地面乱滚几下竟站起来抖抖翅膀呱呱地乱叫起来，有的随着强风斜雨扑打在一家村民房屋的墙壁上，由于风力的顶托，在墙上贴了五六分钟之后滚落到地上。

这种鸭雨及类似的鸟雨也是龙卷风造成的。原来，7 月 29 日这天下午，在大通湖湖面形成了一个龙卷风，不久即登上陆地袭击了靠湖畔的沙港乡等三个乡，而正在湖汊港圳中牧放鸭子的村民吴克郁还未来得及把鸭群赶回港，一百多只鸭子竟被龙卷风吸卷上天空，从而形成了这次罕见的鸭雨奇观。

沙土雨来袭

土雨指的是从天上降下的大量的干土。1958 年 3 月 20 ~ 24 日，北京城下过一场土雨。降土时天昏地暗，隔不多远便看不见人，街上行人一会儿便成了"黄土人"，街道、建筑物都蒙上了一层干土。

1979 年 4 月，新疆若羌县曾连降三天干土，地面浮土 30 毫米厚。据统计，每平方千米降土达 2.3 万吨。1983 年 4 月 2 日午后，宁夏石嘴山市下了一场土雨，在行人的身上和露天的物体上留下了点点黄色的斑点。土雨降落时，狂风骤起，沙尘翻滚，天昏地暗，橙黄色的光线显得微弱无力。当地气象部门记载，当天平均风力达 7 ~ 8 级，阵风 10 级以上。据估算，石嘴山市 5323 平方千米的地面上，落土达 14 万吨以上。

1984 年 4 月 26 日，位于兰州以北 60 千米的祁连山东南脚下，下了一场特殊的土雨。由于沙尘暴和浮尘的影响，当地能见度低于 1000 米，上午 9 时，天空飘下许多似雨似雪的细小物体，经观测全是松散的土粒。观测者走出室外，衣服上很快就落了薄薄的一层细土。原来，这是空中较大的雨滴在下落中粘并了大量干燥的浮尘，且雨滴水分被浮尘吸附尽净，于是便出现了土雨现象。

据研究，我国的土雨与黄土高原有密切关系。黄土高原表面覆盖着几米乃至一二百米厚的黄土，每遇大风，黄土被卷入高空随风浮游，形成黄土云，云中黄土聚集多了，所受重力超过空气的浮力，落下来便是土雨了。另外，在我国大西北，气候干燥少雨，有的地方植被遭到破坏，土壤严重风蚀。大风一来，浮土被卷上空中，后又降下来，也是土雨的成因之一。

我国华北平原，春天多风，气候干燥，大风极易刮起地面的尘土。当风从西北或西方吹来，经过黄土高原时，把细土颗粒扬起，带到华北平原上空，致使空气中的沙土含量大大增加，并与低空的积雨云混在一起。这种云层与冷空气相遇，凝成雨滴落下，便成了泥浆雨。1978 年春天的一个晚上，华

沙雨来袭

北平原某地就下了一阵泥浆雨，时间虽然不长，却到处撒满了泥点。

非洲毛里塔尼亚首都努瓦克肖特，1977 年 8 月 14 日下了一场可怕的沙雨。那天，天气本来格外晴朗，烈日炎炎，万里无云。突然间，太阳昏暗起来，最后不见了，整个首都伸手不见五指。3 分钟以后，空气干燥得几乎令人窒息。居民们吓坏了，纷纷躲避起来。几个小时后，黑暗渐渐消除，人们一推开家门惊讶地瞪大了眼：房上、街上到处覆盖着一层黄沙，原来刚才下了一场不小的沙雨！

据分析，这场沙雨是狂风和撒哈拉沙漠合起来搞的恶作剧。狂风把大量的尘沙从努瓦克肖特东部的撒哈拉沙漠上卷入天空，形成一片厚约 400 米，长宽各约 15 千米的沙云。沙云遮住了太阳，才搞得努瓦克肖特天昏地暗。待风速减弱后，沙云又飘落下来，变成了沙雨。据估计，这次下的尘沙达 900 万吨。

彩色的雪

雪，人们看上去，它是洁白和纯净的。但在科学家的摄影机下，一天之中雪却有不同的色泽：早上旭日初升之际，是白中带点冷红色；中午，则略有点金黄色；晚上则微具紫色。当然，雪的这些色泽，只有科学家借助科学仪器才能观察得出来。

奇怪的是，古今中外有不少地方，也出现过五颜六色的雪。我国唐代房玄龄所修《晋书·武帝纪》中这样记载过："太康七年，河阴雨赤雪二顷。"太康是西晋武帝司马炎的年号，太康七年即公元286年，河阴约在今河南孟津县，赤雪即红雪。可惜书上未说雪是什么原因变红的。清代乾隆十三年（公元1748年）十月，湖南乾州县（今湖南吉首市）也下过一场色如胭脂的红雪。

在国外，有关红雪的最早报道，是1760年法国学者德·索绪尔在阿尔卑斯山做出的，这与我国《晋书》上红雪的记录相比要晚了1474年。阿英文版《自然与艺术陈列馆》第四册说："那年索绪尔在斜坡上，看到好几个地方森有残雪。令他吃惊的是，雪的表层好几处都有鲜明的红色。……当他走近去看时，发觉雪的红色是由于混和了一种极细的红色粉末所致，其深度竟达5~6厘米……"书上说，雪之所以红，是一种红色的粉末造成的。但据专家研究，也许是索绪尔把一种红色的雪生衣藻看成了红色粉末。红色衣藻是低等植物雪生藻类中的一种，它在−34℃也不会被冻死，一经温暖的阳光抚慰，就非常迅速地繁殖，几个小时之内便能给大地蒙上一层红色或玫瑰色。在极盛之时，层层相积，厚达数厘米。

19世纪中叶，探险家们曾在南北极地区多次发现过红雪，以及黄雪、绿雪、褐雪和黑雪等彩色雪。据科学家研究，这些彩色雪也是由一种有颜色的雪生藻类大量繁生所"染"成的。藻类大都具有色素体，能进行光合作用，制造养料。由于叶绿素和其他色素在各类藻类中的比例不同而呈现出各种不同的颜色，如绿藻、蓝藻、黄藻、红藻、褐藻等。在雪中生长的雪生藻类，常常出现在南北极和高山地区。在喜马拉雅山

海拔 5000 米以上的地方，可以见到一望无际的红雪。珠穆朗玛峰和西藏察隅地区都降过红雪。1959 年的一天，在南极地区上空，突然彤云密布，紧接着刮起了一阵速度为 27 米每秒的暴风。暴风过后，飘了一天鲜红的大雪。这是由于暴风把雪生藻类从地面卷到高空，和雪片相遇，粘在雪片上的缘故。

据观察，在红雪区的邻近往往出现黄雪。它主要是由黄色藻类的勃氏厚皮藻、南极绿球藻和念珠藻的大量繁生所造成的。黄色藻类的细胞中含有大量的固体脂肪，而固体脂肪里溶有黄色素，使白雪变成了黄色。

在阿尔卑斯山和北极地区，常会遇到绿雪，它主要是绿藻类的雪生衣藻和雪生针联藻大量繁生所造成的。1902 年，一位学者在瑞士高山上发现了一种褐雪，据研究表明，主要藻类是雪生斜壁藻。1910 年，一位探险家在牙塔特里亚高山上也发现一种褐雪，但其中主要藻类则是针线澡。全于黑雪，不过是深色的褐雪罢了。

除雪生藻类外，也可能由其他原因造成有颜色的雪。1960 年 3 月下旬一天的夜间，前苏联奔萨州飘下了一片片黄而略呈淡红色的雪花，不久地面上就好像铺上了一层黄色地毯。气象学家说，这一现象是 3 月 21 日在北非发生的一场气旋造成的。气旋把非洲大沙漠里的沙尘大量卷入空，飘到奔萨州上空后同雪花混在一起降落下来，使雪花带上了这种不同寻常的颜色。

1980 年 5 月 2 日夜间，蒙古国西北部的肯特省巴特诺布和诺罗布林两个县境内，降了一场鲜艳夺目的红雪。经化验，每升雪水中含有矿物质 148 毫克，其中有未溶解的锰、钛、锶、钡、铬和银等化学元素。这些混合物是由地面被风卷人空中粘和到雪花里而形成的。由于雪被污染，1937 年、1943 年、1949 年、1963 年、1970 年和 1979 年，在蒙古国个别地方下过带有红、黄颜色的雪，1936 年秋天在肯特省下过红色冰霜。

1986 年 3 月 2 日，前南斯拉夫和马其顿西部海拔 1788 米的高山上波波瓦沙普卡地区降下了一场黄雪。有关专家解释说，这是由于从遥远的非洲撒哈拉沙漠吹来的强大高压气流和风形成的。

1892 年意大利曾下过一场黑雪。专家研究发现，这是由于亿万个像针尖大小的黑色小昆虫在天空中飞翔，结果粘在雪里降下的缘故。据说挪威下过一次黄雪，那是由于一种松树的碎末被风卷到空中，然后因水汽凝结而成的。

1991 年一支登山队在攀登珠穆朗玛峰时遇到了一场黑雪。黑色的雪花漫天飞舞，使大地和天空笼罩在阴霾中。引起这场黑雪的原因是 1990 爆发的海湾战争。这场战争从 1990 年 8 月 2 日伊拉克入侵科威特开始，到 1991 年 2 月 28 日战争结束，参战各方共出动飞机 10 万架次投掷 1.8 万吨炸药，严重污染了大气。特别是石油资源遭到了有史以来最大的一场浩劫，科威特的 950 眼油井被破环，其中被点燃的 600 多眼油井一直燃烧了八个月，最多时一天烧掉 80 万吨原油。这些被点燃的油井，每天排放出烟灰超过 2 万吨，每小时喷发的二氧化硫超过 1000 吨，烟雾飘散到了几千千米以外，污染了许多国家。海湾战争引起的石油燃烧造成大量的尘埃弥漫扩散，这些黑烟经印度洋上空的暖湿气流向东移动，在飘过喜马拉雅山上空时就凝成黑雪降落下来了。

层峦叠嶂的山脉

黄 山

　　说到不可思议的奇观，不能不说世界上的名山；说到名山就不能不说传奇般的中国名山；而说到中国的名山更不能不说黄山。所谓"五岳归来不看山，黄山归来不看岳"，就是这个意思。

　　黄山位于安徽省南部，以"震旦国中第一奇山"而闻名。黄山以其壮丽的景色——生长在花岗岩石上的奇松和浮现在云海中的怪石而著称。奇松、怪石、云海被誉为黄山"三奇"，加上温泉，合称黄山"四绝"，名冠于世。其劈地摩天的奇峰、玲珑剔透的怪石、变化无常的云海、千奇百怪的苍松，构成了无穷无尽的神奇美景。因此黄山又有"人间仙境"之美誉。

　　从自然地理的角度来看，黄山属于中国东南丘陵的一部分，是长江水系和钱塘江水系在安徽省境内的分水岭。黄山山脉南北长约 40 千米，东西宽约 30 千米，全山总面积约 1200 平方千米，而黄山风景区则是这座山脉的核心，面积为 154 平方千米。

　　大约在两三亿年前，黄山所在的地方是一片被称作"古扬子海"的汪洋。后来，古扬子海不断缩小，随之出露的陆地被称作"江南古陆"。大约在两亿多年前，发生了一次大规模的地壳运动，古扬子海消失了，今天的黄山一带成了陆地。到了 1.43 亿年前，地下深处炽热的岩石向上升，并在距地面 3000 ~ 6000 米处冷却下来，形成了花岗岩岩体，这就是孕育在地下的黄山胚胎。

距今五六千万年前，这里开始了又一次大规模的地壳运动，终于使隐伏的花岗岩岩体冲出地面，形成了今天黄山的方圆布局。但是那时的黄山并不像今天这样奇幻美丽，后来风、雨、雪、霜、流水等等自然的力量才把坚硬的花岗岩琢磨出如今玲珑剔透的模样。

黄山的美，是一种多层次、多侧面的综合的自然山水之美。黄山集奇异深邃、雄伟险峰和神秘莫测于一身，极具审美价值。

"黄山松"享誉中外，素有"无石不松，无松不奇"的称谓。黄山松多生长在海拔800米以上的高山崖石上。树龄一般在数百年以上，少数甚至达上千年。这些名松古老苍劲，奇形怪状，有立有卧；有的俯仰斜插，有的刚毅挺拔，有的盘曲倒挂。为此，人们评出了十大名松：舒枝引客的迎客松、垂首送宾的送客松、展翼欲飞的凤凰松，以及连理松、蒲团松、黑虎松、麒麟松、团结松、探海松、飞龙松。不论在山顶、山坡，还是山谷之中，黄山松到处可见，既奇且秀，美不胜收。

黄山层峦叠嶂，奇峰异石全山遍布，已有各种名称多达120处。怪石千姿百态，小者玲珑剔透，造化精妙；大者石林耸峙，石笋罗列。著名的怪石有"松鼠跳天都"、"猴子观海"等等。黄山巧石之中更有两种奇妙之处：一种是由于站在不同位置观看，会出现两种不同的景象，如在半山寺看天都峰

黄山迎客松

侧有一小峰如"金鸡"，名为"金鸡叫天门"，而到蟠龙坡上回头再看，"金鸡"却变成了"五个老人"，成为"五老上天都"了。"喜鹊登梅"和"仙人指路"也属此类。另一种奇妙所在是巧石与奇松的美妙组合，构成令人称绝的景观，如北海的"梦笔生花"即是石之"笔"和松之"花"相结合而形成的。

黄山多云海。每当雨过天晴，或在日出之前，山谷中就雾起云腾，铺天盖地而来，似海不是海，如烟不像烟，风来则气象万千，日出则五光十色，其波澜壮阔之势、变幻莫测之状，蔚为壮观。云海使黄山静中有动，姿态万千，成为黄山优于其他名山的一大特色。黄山云海分为五片，白鹅岭以东称东海，飞来峰以西称西海，莲花峰以南称南海，狮子林以北称北海，光明顶周围称天海。

仙人指路

黄山温泉有 3 处：一在紫云峰下，名"温泉"；一在松谷庵南侧，名"锡泉"；一在圣泉峰顶，名"圣泉"。前山"温泉"水温较高，一般保持在 42℃ 左右，水质清澄，水味甘美。相传轩辕黄帝曾在此沐浴，返老还童，由此声誉大振，名扬四方，被称为"灵泉"。

 ## 泰　山

孟子曰："孔子登东山而小鲁，登泰山而小天下。"中国有口口无数名山大川，论高度，泰山只有 1532.7 米，不如华山；论灵秀，泰山不如黄山；论宗教文化，泰山不如峨眉山、五台山、九华山。为什么唯有泰山享有如此崇高的地位呢？

其实泰山的历史就是一本帝王史，正是历代皇帝对泰山的顶礼膜拜，才使泰山成为五岳之首。登山需含敬畏之情，因为山路两边峭壁上古人留下的石刻，让人恍然置身于时空隧道中，顿发思古之幽情。游泰山从山脚的岱庙开始，经一天门、二天门、中天门、南天门、天街，直至玉皇顶，拾级而上，两侧石壁上留满了各个朝代的石刻，而且越往山上年代越为久远。最精彩的泰山石刻就在岱顶，这里有汉武帝的无字碑，唐高宗的"登泰山铭"。可以说，登山的过程就像在阅读一本中国历史。

登泰山之乐在于攀登，虽没有帝王的排场但是自有难得的心得。从松山谷底至岱顶南天门的一段盘路，叫摩天云梯，俗称"十八盘"，是泰山最险处，全程1千米左右，垂直高度400米。泰山有3个"十八"之说——自开山至龙门为"慢十八"，再至升仙坊为"不紧不慢又十八"，又至南天门为"紧十八"，共计1 630余阶。"紧十八"西崖有巨石悬空，侧影佛头侧枕，高鼻秃顶，慈颜微笑，名迎客佛。十八盘岩层陡立，倾角70～80度，在不足1千米的距离内升高400米。此处两山崖壁如削，陡峭的盘路镶嵌其中，远远望去，恰似天门云梯，飘荡在空中，在那陡悬的天梯上攀登五味杂陈，绝对是体力毅力的终极考验，不然也不会有人说这是登仙之路了。

历史同样成全了泰山的松树，虽然不如黄山松树名气大，但是古树自身的帝王之气也非他处可比。6株古树，树身扭结上耸，若虬龙盘曲，虽大部分已肤剥心枯，但仍能继生新枝，苍古葱郁。普照寺内的六朝松，遮天盖地，冠若凤舞，干若龙盘，树龄长达1 500年。傲然屹立在泰山十八盘起始处的望八松，犹如一位巨人，倾身探臂，企盼游人。不过古松最为集中的当属对松山，两峰对峙，万松罗列，因松树层层叠叠，又有十三层松之

摩天云梯

说。古松有的侧身绝壁，有的屈曲于深壑，有的直刺云天，有的横空欲飞，山风吹起，松涛大作，山鸣谷应，有如巨浪拍岸。

泰山的风景基本可以分为两种不同特色，一段是从山脚下的岱庙、一天门到中天门，这段基本处于山麓，相对地势平缓，古木参天，空气清爽，

山间鸟语啁啾，流水潺潺，让人心旷神怡。而从中天门以上则是另外一种景致，山势突兀，山道迂回险要，紧十八盘，慢十八盘，自有"无限风光在险峰"的韵味。登泰山犹如抑扬顿挫的音乐，到达山顶就像是到达音乐最高潮。山顶上，鸟瞰四周，放眼云海，大有包容万物、容纳百山的胸怀，只有此时才能体会出杜甫"岱宗夫如何，齐鲁青未了。造化钟神秀，阴阳割昏晓。荡胸生层云，决眦入归鸟。会当凌绝顶，一览众山小"的意境。

"旭日东升"、"云海玉盘"是岱顶的两大自然奇观。日出时天空开始还是深的蓝紫色，云层上一条红色的帷幔，慢慢变浅成了粉蓝，红色也在渐渐地变成橘色，红色球体在不断升起，天空也跟着明亮起来……后来就是霞光万丈，映衬着云层也有了光彩……泰山之云变幻无穷，有时白云滚滚，如大海白浪滔天，有时又如棉絮平铺。唯有岱顶似海中仙山，又似硕大玉盘中的仙果。岱顶的日观峰北侧，有一巨石悬空探出，名为探海石。

泰山是自然和人文景观的绝妙结合体，帝王登泰山者始于秦始皇，相继有汉武帝、光武帝，唐代有高宗、武则天、玄宗，清代有康熙、乾隆等。所以有人说泰山其实是一部帝王史。不过除却这些帝王的因素，泰山

探海石

已经成为中华民族的一种象征，就像图腾一样，在我们骨血里沉浸着，这是任何山峦无法取代的。

 庐　山

"远看成岭侧成峰，远近高低各不同。不识庐山真面目，只缘身在此山中。"苏东坡的这首诗真切地描述了庐山的奇观。而古今中外发现并描述庐

山奇观的并非苏东坡一人。从这一点来说，庐山绝对算是中国南方值得大
书特书的一座名山了。

庐山位于长江中游南
岸、鄱阳湖滨，是座地垒式
断块山。大山、大江、大湖
浑然一体，险峻与柔丽相
济，素以"雄、奇、险、
秀"闻名于世。庐山具有重
要的科学价值与美学价值。
庐山风景名胜区面积 302 平
方千米，外围保护地带 500
平方千米。庐山有独特的第

庐 山

四纪冰川遗迹，有河流、湖泊、坡地、山峰等多种地貌类型，有地质公园
之称。

庐山在 10 亿多年前就开始了它的发展史。它记录了地球的地壳演变史，
承载过地球曾发生的一次次惊心动魄的巨变：海陆的轮番更替、地壳的缓
慢沉积、气候的冷热交替、生物的生死嬗递、燕山运动的山体崛起、第四
纪冰川的洗礼等。

庐山是存留第四纪冰川遗迹最典型的山体：大坳冰斗、芦林冰窖、王
家坡 U 形谷、莲谷悬谷、犁头尖角峰、含鄱岭刃脊、金竹坪冰坡、石门涧
冰坎和"冰桌"、鼻山尾、羊背石、冰川条痕石等等。大约在两千多万年前
的喜马拉雅造山运动中，庐山才成断块山崛起。在 300 万 ~ 1 万年前的第四
纪大冰期中，庐山至少产生过 3 ~ 4 次亚冰期。每个亚冰期长达数十万年，
由于气候严寒，降雪量充沛，产生了冰川。每次冰川都对宏伟的庐山进行
一番雕饰。亚冰期之间的间冰期气候炎热可达数十万年，冰川消融，流水
涓涓，庐山四周断崖瀑布林立，泥石流不断产生，使庐山变得险峻而秀丽，
成为天下名山。

庐山地质构造复杂，形迹明显，展现出地壳变化的主要过程。北部以
褶曲构造为主要特征，形成一系列谷岭地貌；南部和西北部则为一系列断

层崖，形成高峻的山峰。山地中分布着宽谷和峡谷，外围则发育为阶地和谷阶。由于断层块构造形成的山体多奇峰峻岭，所以庐山群峰有的浑圆如华盖，有的绵延似长城，有的高摩天穹，有的俯瞰波涛，雄伟壮观、气象万千。山地四周虽满布断崖峭壁，幽深涧谷，但从牯岭街至汉阳峰及其他山峰的相对高度却不大，起伏较小，谷地宽广，形成"外陡里平"的奇特地形。庐山主峰大汉阳峰，海拔 1474 米，四周围绕的群峰之间散布着道道沟壑，重重岩洞，条条瀑布，幽幽溪涧，地形地貌复杂多样。水流在河谷发育裂点，形成许多急流与瀑布。著名的三叠泉瀑布，落差达155 米。

三叠泉瀑布

庐山处于亚热带季风区，雨量充沛、气候温和宜人，是盛夏季节高悬于长江中下游"热海"中的"凉岛"。山中温差大，云雾多，千姿百态，变幻无穷。有时山巅高出云层之上，从山下看山上，庐山云天飘渺，时隐时现，宛如仙境；从山上往山下看，脚下则云海茫茫，犹如腾云驾雾一般。优越的自然条件使得庐山植物生长茂盛，植被丰富。随着海拔高度的增加，地表水热状况垂直分布，由山麓到山顶分别生长着常绿阔叶林、常绿及落叶阔叶混交林。据不完全统计，庐山植物有 210 科、735 属、1720 种，分为温带、热带、亚热带、东亚、北美和中国七个类型，是一座天然的植物园。

 ## 雁荡山

雁荡山位于浙江省乐清市境内，素有"海上名山"，"寰中绝胜"之美誉，史称“东南第一山”。雁荡山因“岗顶有湖，芦苇丛生，结草为荡，秋雁宿之”而得名。雁荡山景色优美，以众多诡形殊状的峰、洞、岩石、泉、嶂称胜。奇峰怪石，悬崖叠嶂，耸峙嵯峨；古洞石室，茂林幽谷，曲折迂回；飞瀑流泉，碧潭清涧，如带若练；雁湖日出，百岗云海，一向为游客所赞赏，至于灵峰夜景，灵岩飞渡更为神奇幻绝。

根据地质考察，雁荡山形成于1.2亿多年前，原是火山地带。到了距今4000多万年前，它沉没在海中，岩体受到海水的侵蚀；又过了2000多万年，它逐渐露出海面；以后又遇冰川期，遭到冰川洪水的袭击，岩体又进一步崩解和剥蚀，岩体裸露，形成众多的深谷、峰林，有“造型地貌博物馆”之称。雁荡山是环太平洋亚洲大陆边缘火山带中最具完整性、典型性的白垩纪流纹质古火山。它比环太平洋安第斯火山带和美国西部火山带更为古老，更为神奇。雁荡山不仅记录了中生代古火山发生、演化的历史和深部地壳、地幔相互作用的过程，而且还展示了1亿年来地质作用所产生的个性优美的自然景观，这在世界上是独一无二的。

雁荡山是国家级风景名胜区，有东、南、西、北、中雁荡山之分。其中北雁荡山规模最大、景点最多、最为出名。人们通常说的雁荡山，简称雁荡或雁山，一般都指北雁荡山。峰、嶂、洞、瀑奇妙的天然组合，形成了北雁荡山特有的奇秀景色。明代大旅行家徐霞客三游雁荡之后，还有“欲穷雁荡之胜，非飞仙不能”之叹！

显胜门

北雁荡山位于乐清市境内东北部，距温州市区七十多千米，万山重叠，群峰争雄，悬嶂蔽日，飞瀑凌空。北雁荡山景区总面积450平方千米，分灵峰、三折瀑、灵岩、大龙湫、雁湖、显胜门、仙桥、羊角洞等八大景区，共计景点五百多处，以峰、洞、瀑、嶂称胜，有102奇峰，66洞天、27飞瀑、23 嶂峦之说。北宋著名科学家沈括四次考察北雁荡山，赞其为"天下奇秀"。

北雁荡山洞穴不仅数量多，而且风格奇特。如观音洞，既高又深，洞内建有九层楼阁，气宇轩昂。灵峰古洞，洞洞相连，形状各异，迂回曲折。现在辟有云雾、透天、含珠、隐虎、好运、凉风七洞，供游人寻奇探幽。另外还有著名的仙姑洞、北斗洞、将军洞、朝阳洞、天窗洞、东石梁洞、西石梁洞等，或幽深，或宽敞，或奇险，个个充满神奇色彩。

雄壮的岩嶂是雁荡山的一大奇观，从灵峰景区的倚天嶂到大龙湫的连云嶂，如蜿蜒蟠结的蛟龙，纵

连云嶂

贯整个景区，形成雁荡山雄伟壮观的磅礴气势。它是奇峰怪石的依托，又是飞瀑夺路而下之所在。它忽而围成一个幽静的深谷，忽而展开托起千丈奇峰，忽而又对峙成雄关天险。雄浑奇绝的铁城嶂、蜿蜒高耸的连云嶂、灿若彩霞的屏霞嶂和气象森严的万象嶂，是北雁荡山的四大奇嶂。

飞瀑是北雁荡山景观的灵气所在。清人有诗："东瓯凤称山水窟，西谷龙湫最奇绝。"大龙湫瀑布从190米的崖顶飞泻而下，势若银河倒泻，匹练横空，在阳光与风的作用下，时而飘逸轻灵，烟雾弥漫。如珠垂挂的小龙湫、变幻多姿的散水岩、气势不凡的西大瀑、活泼潇洒的梅雨瀑等，均各具特色，自有奇妙之处。

南雁荡山位于平阳境内，距温州市区87千米，离平阳城关32千米，总面积97.68平方千米。因北部明王峰上有泥塘沼泽，秋冬大雁在此栖息，且与北雁荡山遥望相对，故名南雁荡山。风景区以秀溪、幽洞、奇峰、景岩、银瀑、石垒为六大特色，有"浙南第一胜景"之称。与北雁荡山、中雁荡

山合称雁荡山风景名胜区，属于山岳型国家级重点风景名胜。景区山岳由浙闽边界的洞宫山山脉延伸而来，多在海拔 500 米以上，迂折盘回。北部以明王峰为主峰，海拔 1077 米。九溪汇流，中贯溪滩，山水相映。并分东西洞、顺溪、东屿、畴溪和石城五个景区，有 67 峰、24 洞、13 潭、8 瀑、9 石之胜。

中雁荡山因居北、南二雁荡山之间，故称中雁荡山，分玉甑、三湖、东漈、西漈、凤凰山，杨八洞、刘公谷七个景区。其中玉甑、西漈、东漈为三大主要景区。步入景区，即见峰峦陡峭，洞谷深邃，峰奇石怪，溪碧泉清，自然造型奇秀，空间组合协调优美。

丹霞山

丹霞山位于广东省北部，处于韶关市仁化、曲江两县交界地带。丹霞山被誉为岭南第一奇山。山体由红色砂砾岩组成，沿垂直节理发育的各种丹霞奇峰极具特色，被称为"中国红石公园"。这里是"丹霞地貌"的命名地。狭义的丹霞山仅限于北部的长老峰、海螺峰和宝珠峰构成的山块，以宝珠峰最高，海拔 409 米。广义的丹霞山包括了这里由红石组成的 215 平方千米的丹霞山区。

丹霞山区在地质构造中属于南岭山脉中段的一个构造盆地，地质学上叫丹霞盆地。大约在距今 1 亿年，南岭山地强烈隆起，这里相对下陷，形成一个山间湖盆。在湖盆中开始了红色碎屑物质的堆积。直到距今 7000 万年以前，在盆地中形成了一

丹霞地貌

层厚度约 3000 米、粗细相间的红色沉积盆地地层。其上部 1300 米厚的坚硬砂砾岩，称为丹霞组地层，丹霞山的奇山异石，就发育在这层丹霞组地层

上。在约距今4000万～5000万年，随着地壳运动，整个湖盆抬升，锦江及其支流顺着裂隙对这一层红色沉积岩下切侵蚀，保存下来的岩层就成为现在看到的丹霞山群。据专家研究，丹霞山地区的地壳还在抬升，平均每万年上升0.97米。

构成丹霞山的岩层多呈水平状态，而且粗细、软硬不同。粗大的碎石组成的岩层称作砾岩，一般比较坚硬；粗细均匀的叫砂岩；更细的叫粉砾岩，砂岩尤其是粉砾岩比较软。软弱的岩层更容易受到风化和侵蚀，形成与岩层一致的近水平凹槽或洞穴，坚硬的砾岩则突出为悬崖。日久天长，洞穴加深、扩大，上覆岩层失去重力平衡就会出现崩塌，所以丹霞崖壁就是过去的崩塌面。如果洞穴进一步风化或流水侵蚀，而穿透了某个山梁或石墙，在上部岩层比较完整的情况下可能会保存下来，就是天生桥或穿洞。

1938年，我国著名地质学家陈国达教授在对丹霞山及华南地区的红石山地进行考察研究之后，首先提出了"丹霞地貌"这一术语，而后丹霞地貌逐渐成了地理学中的一个专有名词。它特指由中、新生代红色砂岩构成的具有特殊形态的山地地貌。世界上的丹霞地貌主要分布在中国、美国西部、澳大利亚、欧洲中部，其中又以中国分布最广。我国目前已发现的丹霞地貌区达三百多处，广东丹霞山在规模和景色上都堪称最佳。在丹霞地貌分布区，往往石块离散，群峰成林，山顶平缓，山坡直立；赤壁丹崖上色彩斑斓，洞穴累累；山与山之间是高峡幽谷，清静深邃；山石造型丰富，变化万千。其雄险可比花岗岩岩石，奇秀不让喀斯特峰林。而且丹霞地貌分布区内往往都有河流穿过，丹山碧水相辉映，是构成风景名山的一个重要地貌类型。

长白山

长白山地处吉林省东南部，位于延边朝鲜族自治州和白山地区境内。面积为8000多平方千米，它宛如一条自东北至西南腾飞的巨龙，起伏绵亘在吉林省的东南部，并向东南延伸到朝鲜民主主义人民共和国境内。长白山为中国的著名山脉之一。在沧海桑田的历史演变中，由于地球内外营力相互作用，造就了雄壮巍峨的山体。长白山的主峰高出海平面2691米，是中国东北地区的最高峰。

长白山是一座在200万年以前开始，终止于距今不到300年的时断时续时猛时缓的休眠火山。其地貌为较典型的火山地貌景观，它自下而上由玄武岩台地、熔岩高原和火山锥体三大部分构成。在广阔的玄武岩台地和熔岩高原之上，耸立着雄伟壮观的长白山主峰白头山。

长白山风光

白头山火山有过多次喷发，有过较长时间的间歇，其最后一次猛烈喷发，是在1702年。白头山火山喷出黏稠度较大的熔岩和各种火山碎屑物，堆积在火山口周围，使白头山山体高耸成峰。其中在海拔2500米以上的有16座。在我国境内由北向西有白岩峰、天文峰、龙

白云峰

门峰、鹿鸣峰、白云峰、青石峰等六座。其中白云峰海拔2691米，是我国东北地区的第一高峰。所有这些山峰都高耸入云，嶙峋突兀，气势磅礴。白头山经常是云雾弥漫，气候变幻无常。特别是夏季，好端端的艳阳天，却可以在骤然之间风云突变，雷雨交加，冰雹齐落，对面不见人影。可过了一会儿，雨过天晴，山峦峻峭，林木苍秀，又江山如画了。

在白头山顶部的火山口，由于积水而形成了面积为9.8平方千米的天池。天池处于中朝两国边境上，整个湖面呈椭圆形，像一块碧蓝的大宝石

镶嵌在群峰之中。天池南北长4.8千米，东西宽3.3千米，周长为13.1千米，平均水深204米，最深处为373米，是我国最深的湖泊，其海拔为2194米，也是我国火山口湖海拔最高的一个。平时，湖中波光粼粼，清澈碧透，湖周岩壁陡峭，险峰林立，构成一幅赏心悦目的风景画卷。雨雾时，浪花翻卷，水天相连，茫茫沧海，云海翻卷如絮，美不胜收。天池风光瑰丽，水力资源丰富。其蓄水量为20亿立方米，是松花江、鸭绿江、图们江三江的水源。"三江"源远流长，千秋万代滋润着东北大地，造福于民。

在天池西岸的山峰上有金线、玉浆两个较大的山泉。两泉味美甘甜，终日潺潺不息地流入天池。"请君若到天池上，须把银壶灌玉浆"之言，惟妙惟肖地道出了两个山泉的甘味浓醇，诱人之至。

在白头山上，除天池以外，还有长白湖、玉池、圆池等小的火山口湖。长白湖，在天池以北4千米之遥，周长为260多米，面积5000多平方米。湖面平静，水深幽蓝，山峰绕湖岸耸立，森林倒映湖底，风光迷人，有小天池之美称。圆池，又叫天女浴躬池，面积一万多平方米，传说是清皇室祖先的发祥地。

长白山天池

天池四周被群峰环绕，水由天文峰与龙门峰之间的唯一出口溢出，向北奔流在只有1250米长的乘槎河上。乘槎河的终端是高达68米的悬崖峭壁。天池水从断崖上急滚而下，一泻千里，形成了天池飞瀑。天池瀑布气势磅礴，雄伟壮观。晴日远眺，似玉带起舞，浪花吐雪，水雾弥漫，彩虹当空，飘彩流丹，山呼谷鸣，吸引着成千上万的游览者，成为驰名中外的古今奇观。

沿瀑布之水顺流而下，在近900米处，就是分布面积达一千多平方米的温泉群。温泉群的泉口比较集中，水温都在60摄氏度以上，有的高达82摄氏度，并保持常年不变。由于温泉水是从地壳深处涌出地表，所以泉里水珠翻滚，咕咕作响，泉表热气腾腾，蒸汽弥漫。冬季的长白山虽然到处风吼雪滚，冻地冰天，可温泉附近却热气升腾，流水淙淙，树满雾凇，一派琼山玉阁的仙境风光。

另外，长白山的林海和大峡谷也是世界上难得一见的自然奇观。林海层次分明，非常壮观。而且林海中栖息着梅花鹿、东北虎等珍稀动物。至于，大峡谷则是近年才发现的一大奇观，它的壮美不亚于美国的科罗拉多大峡谷。

火焰山

火焰山位于新疆吐鲁番盆地北缘，古书称赤石山，维吾尔语称为克孜尔塔格，意即红山。火焰山脉呈东西走向，东起鄯善县兰干流沙河，西止吐鲁番桃儿沟，长100千米，最宽处达10千米，一般高度在500米左右，最高峰在鄯善吐峪沟附近，海拔831.7米。火焰山重山秃岭，寸草不生。每当盛夏，红日当空，地气蒸腾，焰云缭绕，形如飞腾的火龙，十分壮观。

地质学家经研究发现：火焰山是天山东部博格达山坡前山带短小的褶皱，形成于喜马拉雅山运动期间。山脉的雏形形成于距今1.4亿年前，基本地貌格局形成于距今1.41亿年前，经历了漫长的地质岁月，跨越了侏罗纪、白垩纪和第三纪几个地质年代。

火焰山自东而西，横亘在吐鲁番盆地中部，为天山支脉之一。亿万年间，地壳横向运动时留下的无数条褶皱带和大自然的风蚀雨剥，形成了火焰山起伏的山势和纵横的沟壑。在烈日照耀下，赤褐砂岩闪闪发光，炽热气流滚滚上升，云烟缭绕，犹如大火烈焰腾腾燃烧，这就是"火焰山"名称的由来。

火焰山深居内陆，湿润气流鞭长莫及难以进入，云雨稀少，十分干燥，太阳辐射被大气削弱少，到达地面热量多；地面又无水分供蒸发，热量支出少，地温升得很高，火烫的大地既可烙饼，又能烤熟鸡蛋；而大地又把能量源源不断地传给大气。加上火焰山地处闭塞低洼的吐鲁番盆地中部，一方面阳光辐射积聚的热量不易散失；另一方面沿着群山下沉的气流送来阵阵热风，由于焚风效应，更加剧了增温作用，以上种种，使这里形成名副其实的"火洲"。

由于地壳运动断裂与河水切割，火焰山山腹中留下许多沟谷，主要有桃儿沟、木头沟、吐峪沟、连木沁沟、苏伯沟等。而这些沟谷中绿荫蔽日，风景秀丽，流水潺潺，瓜果飘香。其中最著名的要数吐峪沟大峡谷了。吐峪沟大峡谷位于鄯善县境内火焰山中段，北起苏巴什村，南到麻扎村，两村

火焰山

间的峡谷长约 12.5 千米，大峡谷面积约为 12 平方千米。南北两端有简易的盘山公路相连通，南谷口西南距高昌古城 13 千米，位置优越。吐峪沟大峡谷内有火焰山的最高峰。吐峪沟大峡谷的东西两峰，素有"天然火墙"之称，温度最高时可达 60 摄氏度。

吐峪沟大峡谷浓缩了火焰山景观的精华。沟谷两岸山体本是赭红色，在阳光的照耀下便显得五彩缤纷，且色彩浓淡随天气阴晴雨雾而变幻万千。山涧小溪斗折蛇行向南流去，漫步谷底，溪流清澈。仰望千姿百态的五彩奇石，红、黄、褐、绿、黑等多种色彩杂陈于眼前。吐峪沟峡谷山体之奇、山岩之美、涧水之秀、珍果之甜，为其他峡谷所少有，称之为"火焰山中最壮美的峡谷"。

吐峪沟大峡谷底部的土壤呈黄红色。穿谷而过的天山雪水将黄红色的土壤冲出南谷口，在峡谷南端形成了肥沃的冲积平原。这种土壤最适宜培植无核白葡萄，所以葡萄最早落户中国正是在吐峪沟。这里是吐鲁番无核

白葡萄的故乡，也是无核白葡萄的出口基地之一。这里出产的无核白葡萄颗粒最大、甜味最浓，素有"葡萄中的珍品"之美誉。

火焰山葡萄沟

葡萄沟也是风景秀丽、瓜果飘香的沟谷之一。葡萄沟位于火焰山西端，沟中铺绿叠翠，景色秀丽，别有洞天，同火焰山光秃秃的山体形成鲜明的对比。葡萄沟内，两山夹峙，形成坡洼沟谷，中有湍急溪流。沟长 8000 米，宽 500 米，其间布满了果园和葡萄园。这里世代居住着维、回、汉等民族的果农，主要种植著名的无核白葡萄和马奶子葡萄，还有玫瑰红、喀什哈尔、比夫干、黑葡萄、琐琐葡萄等优良葡萄品种。沟中的无核白葡萄晶莹如玉，堪称天下最甜的葡萄。葡萄沟的崖壁中渗出泉水，汇而成池，池水清澈。漫步于此地，令人有不知身在炎炎火焰山中之感。

富士山

富士山是日本第一高峰，世界著名的火山，位于本州岛中南部，跨静冈、山梨两县，距东京约 80 千米，为富士箱根伊豆公园的一部分，海拔 3776 米，山底周长 125 千米。富士山是一座比较年轻的休眠火山，其名字的发音"FUJI"，是来自日本少数民族阿伊努族的语言，意思是"火之山"或"火神"。富士山被日本人民誉为"圣岳"，是日本民族的象征。富士山对称的山形和终年积雪的山峰向人们展示着美的极致。

富士山乍一看对称得很"完美"，但严格来说它并非完全对称，这反而增加了它的魅力。富士山的各处山坡向上的坡度稍有不同，因此不是汇集在顶峰一个点上，而是汇集在一条曲折的水平线上。富士山的山坡倾斜度为 45°，近地面时坡度减小，趋于平缓，山底几乎呈正圆形。富士山的四周有八座山峰围绕——剑峰、白山岳、久须志岳、大日岳、伊豆岳、成就岳、驹岳和三岳，它们统称"富士八峰"。

富士山

富士山的山峰终年积雪。在富士山周围100多千米以内，人们远远就可以看到那终年被积雪覆盖着的美丽的锥形轮廓，昂然耸立于天地之间，显得神圣而庄严。山体自海拔2900米处直到山顶，均为火山熔岩、火山砂所覆盖，是一片既无丛林又无泉水的荒凉地带。

富士山是一座休眠火山。据传是公元前286年因地震而形成的。自公元781年有文字记载以来，共喷发过18次，最后一次是1707年，此后变成休眠火山。山顶上有一个很大的火山口，像一只大钵盂，日本人称之为"御体"，它的直径有800米，深220米。由于火山口的喷发，富士山在山麓处形成了无数山洞，有的山洞至今仍有喷气现象。最美的富岳风穴内的洞壁上结满了钟乳石似的冰柱，终年不化，被视为罕见的奇观。山顶上有大小两个火山口，大火山口，直径约800米，深约200米。富士山的南麓是一片辽阔的高原地带，绿草如茵，是牛羊成群的观光牧场。山的西南麓有著名的白系瀑布和音止瀑布。

在富士山的北麓有五个湖排成弧形。这些湖也起源于火山活动，包括山中湖、河口湖、精进湖、本栖湖、西湖，统称为"富士五湖"。它们从东至西围绕着富士山，湖泊海拔都在820米以上。这里游艇穿梭，湖光山色交相辉映，是富士山著名的风景旅游区。富士五湖像镶嵌在山体上的一串明珠，其中山中湖面积最大，约为6.75平方千米；河口湖是五湖的门户，它是通往其他四湖的出发点，在这里可一览富士山的近貌及其在湖中的倒影，是富士山北边景色的点睛之笔；精进湖是五湖中最小的一个，它为树林、山冈所环绕，是观赏富士山南面风貌的理想地点；本栖湖是五湖中位置最靠西的一个，湖水深 146 米，深蓝澄清，终年不结冰；西湖南面有红叶谷，周围长满枫树，秋季景色十分迷人。

蓝山山脉

蓝山位于悉尼以西 65 千米处，是澳大利亚南部新南威尔士州一处著名的旅游胜地。蓝山其实是一系列高原和山脉的总称。蓝山卡通巴附近，怪石林立，有三姐妹峰、吉诺兰岩洞、温特沃思瀑布、鸟啄石等天然名胜。

蓝山山脉国家公园占地近 2000 平方千米，以格罗斯河谷为中心，峰峦陡峭，涧谷深邃。山上生长着各种桉树，满目翠蓝。入秋，叶间丹黄，景色更美。桉树为常绿乔木，树干挺拔，木质坚硬，含有油质，可提取挥发油。其挥发的气体在空气中经阳光折射呈现蓝光，因而得名蓝山。

蓝山山区是由三叠纪块状坚固砂岩积累而成的，怪石嵯峨，曾是当时欧洲移民向西推进的障碍。1813 年欧洲人布拉斯兰·劳森历经艰险跨越山区达到内地，入山处当时植有纪念树，至今残干尚存，是拓荒者的遗迹之

三姐妹峰

一。这里气候宜人，曲径逶迤。蓝山城是旅游中心，这里有供游人观光用的高空索道和深入峡谷的电缆车，游人在车内可慢慢欣赏四周的悬崖峭壁、瀑布和深谷。此地亦是早期流放囚徒的场所，1831 年由囚徒修建的哈特利法院遗址尚存，内有当年警察的徽章、通缉犯人的公告、刑椅、绞架以及牢房等。

三姐妹峰耸立于山城卡通巴附近的贾米森峡谷之畔，距悉尼约 100 千米，峰高 450 米。三块巨石拔地如笋，俊秀挺拔，如少女并肩玉立，故名三

姐妹峰。传说是巫医的三个美丽女儿的化身。为防歹徒加害，其父用魔骨将她们点化为岩石。其后巫医在与敌人的搏斗中，丢失了魔骨，无法使她们还生。现在峰下常见琴鸟飞翔，传说这是巫医的化身，仍在寻找魔骨，以期复原女儿的真身。三姐妹峰险不可攀，1958年建筑的高空索道，是南半球最早建立的载客索道。

蓝山山脉的温特沃思瀑布从一个悬崖上飞泻而下，落入300米深的贾米森谷底。从观瀑台上看过去，大瀑布像白练垂空，银花四溅，欢腾飞跃，气势磅礴。从观瀑台上回首西望，高原和山峰在云雾中时隐时现，虚无缥缈，景象奇特。

蓝山山区的吉诺兰岩洞经亿万年地下水流冲刷、侵蚀而形成，雄伟绮丽、深邃莫测。洞中有洞，主要有王洞、东洞、河洞、鲁卡斯洞、吉里洞、丝巾洞及骷髅洞。1838年由欧洲人发现，约在1867年被新南威尔士州政府列为"保护区"。洞内钟乳石、石笋、石幔在灯光的照射下闪烁耀眼，光怪陆离。王洞中的钟乳石又长又尖，向下伸展，与石笋相接。河洞中的巨大钟乳石形成"擎天一柱"，气势非凡；石笋巍峨似伊斯兰教寺院的尖塔，庄严肃穆。鲁卡斯洞的折断支柱，鬼斧神工，均为大自然奇观。

琴鸟是蓝山山脉的一道独特景观，也是澳大利亚特有的动物。雄性琴鸟的尾巴羽毛酷似古时候西方的一种乐器竖琴，因此人们把这种鸟称为琴鸟。琴鸟以雄琴鸟的艳丽尾羽而著名。但雄琴鸟表明自己所占的领地和吸引异性的炫耀行为，也同样精彩。雄琴鸟往往会因地制

琴 鸟

宜，就地取材，用林地上的废物堆成小丘，作为自己的表演舞台。琴鸟一面展尾开屏，亮出羽毛漂亮的银色底面，一面发出嘹亮的鸣叫声，并随着自己的旋律，载歌载舞。一只雄琴鸟所占领地，有时竟达方圆两百多米。

在领地内建造的表演舞台，有时竟有多达十余只的雄琴鸟轮流到各自的表演舞台"巡回演出"。雌琴鸟用树枝和苔藓建造圆顶的巢穴，内壁以树皮纤维筑成，然后再铺上一层羽毛。

琴鸟非常聪明伶俐，可以惟妙惟肖地模仿上百种鸟类或其他动物甚至人的声音。不论是雄鸟还是雌鸟，都非常善于模仿大自然的声音，但雄琴鸟在这方面的本领更胜雌琴鸟一筹。可以说，几乎没有什么声音是琴鸟不能模仿的，它们模仿其他动物的叫声逼真而神似，可谓不凡。有的林业工人报告说，琴鸟甚至可以模仿他们在森林中用电锯锯木头的声音。

维苏威火山

维苏威火山，现在海拔高 1277 米，位于意大利坎帕尼牙的西海岸（北纬 40 度 49 分，东经 14 度 26 分），世界上最大的火山观测就设在此处。在古代传说中，维苏威火山是一座截顶的锥状火山。火山口内，周围是长满野生植物的陡壁悬崖，岩壁的一侧有缺口。火山口的底部不长草木，是一较平的地方。活动火山锥的外缘山坡，覆盖着适合于耕作的肥沃土壤，其山脚下有兴盛的赫库兰尼姆和庞贝两座繁荣的城市。

维苏威火山在公元前有过多少次喷发，没有详细记载。但公元 63 年的一次地震对附近的城市造成了相当大的损失。从这次地震起直到公元 79 年，常有小地震发生，至公元 79 年 8 月地震逐渐增多，地震强度也越来越大，终于发生了火山大爆发。

这次大爆发之处，有一股浓烟柱从维苏威火山垂直

维苏威火山

上升，后来向四面分散，状似蘑菇。在这股乌云里，偶尔有闪电似的火焰

穿插，火焰闪过后，就显得比夜晚还黑暗。喷出的火山灰飘扬得很远，赫库兰尼姆城因距火山口较近，被掩埋在 20 米下的火山灰中，个别地方达 30 米，有些火山灰和泥流还充填到房屋内部和地下室内。

在 1713 年，人们打井无意打在了被埋没的圆剧场的上面，后来又发现了赫库兰尼姆和庞贝两座城市。但发现的遗骨很少。这可能是由于火山大爆发前，频繁的地震，使多数城市居民，有了充分的逃避时间，并将贵重的、能携带的物品也一齐带走了。但在兵营里发现，2 个被锁在木桩上的士兵却未能逃脱。在郊区一座房屋的地下室里，发现了被埋在火山灰和泥流中的 17 个人，他们当时可能认为已经找到了安全的避灾之处，后来这些人被包裹在火山灰和泥流硬化了的凝灰岩中。

维苏威火山过去被称为苏马山或索马山，其古老山地的边缘部分现呈半圆形，环绕于目前的火山口。维苏威火山在 1.2 万年中不时喷发，火山口总是缭绕着缕缕上升的烟雾，散发热量足以点燃一张纸。山脚下遍布着果园和葡萄园，而火山上的坡则显得荒凉和险恶。

1631 年它又开始喷发，时值欧洲黑死病流行之期，它夺去了 1.8 万条生命，至 20 世纪维苏威火山已发生了 6 次大规模的喷发。

比利牛斯山

雄伟壮观的比利牛斯山位于法国和西班牙两国交界处，是两国的界山。比利牛斯山是阿尔卑斯山脉向西南的延伸部分，西起大西洋比斯开湾，东迄地中海利翁湾南，长 435 千米，宽 80～140 千米。按自然特征分为三段：西比利牛斯山，自比斯开湾畔至松波特山口；中比利牛斯山，自松波特山口至加龙河上游河谷；东比利牛斯山，自加龙河上游至利翁湾南，亦称地中海比利牛斯山。

比利牛斯山脉是欧洲西南部最大的山脉，东西走向，一般海拔在 2000 米以上，以海拔 3352 米的珀杜山顶峰为中心，面积达 306.39 万平方千米。山体的轴部是强烈错动的花岗岩和古生代页岩、石英岩；两侧为中生代和第三纪地层；北部山坡是砾岩、砂岩、页岩。北部山坡的气候类型属于温带海洋性气候，年降水量是500~2000毫米，植被有山毛榉和针叶林。南部山坡则属于亚热带气候，年降水量为500~700毫米，植被类型为地中海型硬叶常绿林和灌木林，具有明显的垂直变化规律。在海拔400米以下的地区，冬季气温为零下6~2摄氏度，湿度小，有典型的地中海型植物石生栎、油橄榄、栓皮栎等；海拔400~1300米之间的地区，冬季气温在零下6~零下13摄氏度间，降水量较多，是落叶林分布带；海拔1300~1700米之间的地区，冬季气温在零下13~零下16摄氏度间，降水量多，是山毛榉和冷杉混交林带；海拔1700~2300米之间的地区，冬季气温在零下16~零下20摄氏度间，是高山针叶林带；海拔2300米以上，是高山草甸；海拔2800米以上，为冰雪覆盖带。比利牛斯山脉蕴藏着丰富的矿藏：铁、锰、铝土、汞、褐煤等矿产丰厚。另外，山中风光优美、景色宜人，既是著名的旅游胜地，又是冬季登山滑雪的理想场所。

阿拉扎斯河谷是奥尔德萨和珀杜峰国家公园里的四个河谷之一，位于比利牛斯山脉中央，面积达156平方千米。

阿拉扎斯河谷的源头是瑰丽的索阿索冰斗，河谷峭壁上有马尾瀑布倾泻而下。索阿索冰斗是一个巨大的天然圆形洼地，在1.5万多年前由珀杜峰山坡上的冰川侵蚀而成。从索阿索冰斗再往上走是极富有挑战性的小径，沿山

阿拉扎斯河谷

谷的岩壁通向更荒凉的地方。登山者要借助打进岩石里的铁钉，才可通过险峻的山路。大自然漫长的侵蚀作用蚀掉了崖顶上一排排狭窄的石灰岩岩架。弗洛雷斯峰沿着阿拉扎斯河绵延近3000米，高达2400米，令人目眩。冒险登上去可欣赏令人心旷神怡的山谷全貌。山谷像条绿色飘带，从公园的嶙峋地貌中穿过。

奥尔德萨峡谷在比利牛斯山阿拉扎斯河谷处。山毛榉、落叶松和高耸的针叶树悬生在阿拉扎斯河两岸。湍急的河水流经连串的阶梯瀑布后，穿过奥尔德萨峡谷。在风景如画的河谷中，一列石灰岩峭壁巍然矗立，高约600米，上面布满槽沟，气势雄伟。阿拉扎斯河流的上游是处处砾石的牧场，山间生长着高山薄雪草、龙胆和银莲。

奥尔德萨峡谷是比利牛斯山羊的最后栖息地。岩架上可以见到敏捷的臆羚，有时还会见到稀有的黑山羊。雄黑山羊向后弯曲的羊角有1米长。这种山羊已濒临绝种。此外土拨鼠、狐狸、水獭、野猪和棕熊也生活在奥尔德萨峡谷。像麻雀般大小的攀壁鸟攀石本领高强，在陡峭的山谷岩壁上猎取昆虫。这种鸟浑身灰褐色，在岩壁上不易被发现。但当它们振翅攀爬时，翅上鲜红的羽毛往往将它们暴露出来。

 ## 阿尔卑斯山

阿尔卑斯山是欧洲最高大、最雄伟的山脉。它西起法国东南部的尼斯，经瑞士、德国南部、意大利北部，东到维也纳盆地，呈弧形贯穿了法国、瑞士、德国、意大利、奥地利和斯洛文尼亚六个国家，绵延1200千米。阿尔卑斯山山势高峻，平均海拔约达到3000米，海拔4000米以上的山峰有100多座。

在阿尔卑斯山脉的无限风光中，勃朗峰以其山峰壮景最为引人注目。勃朗峰位于法国东北部，接近意大利边境。勃朗峰海拔4807米，是阿尔卑斯山脉的最高峰，也是欧洲最高峰，享有"欧洲屋脊"之美称。此峰终年为白雪覆盖，"勃朗"在法语中即"白"的意思。皑皑的雪峰犹如教堂的圆顶，气势磅礴。勃朗峰那巨大的圆顶盖满着万年积雪，冰川向四周倾泻。勃森斯冰河犹如一条银龙，一直向下窜往沙木尼。勃朗峰四周的山峰，如剑如戟，似针似指，围着勃朗峰，竞出高寒，直插云霄。奇险之处若不是亲临，恐怕难以想像。雪峰、冰川、冰谷、云海，组成世间难得一见的宏伟山景。

阿尔卑斯山另外一个著名的山峰是少女峰。少女峰位于瑞士因特拉肯市正南二三十千米处，海拔4158米，差不多是珠穆朗玛峰的一半，是伯尔尼高地最迷人的地方。这里终年积雪，如果天气晴朗，极目四望，景象壮丽。山间景色随着季节变化而变化：夏日融雪，便露出覆盖坚冰的石砾；早冬降雪，又把山坡变成白玉，愈发娇艳。

勃朗峰

少女峰的主要山峰有3座，呈东西向排列。由东而西分别为艾格尔峰、教士峰和少女峰，三峰的高度分别为3970米、4099米、4158米。关于这三座山峰的名字有许多美丽的传说，少女峰也因此成为许多艺术家创作的素材。在海拔约4000米、总面积约470平方千米的广阔地域内，环绕着艾格尔峰、教士峰、少女峰三座名峰的是一条瑞士最长的冰河—阿莱奇冰河。壮丽宏伟的山河可谓是阿尔卑斯山创造的自然艺术。

从自然保护的角度出发，1930年在阿莱奇地区设立了森林保护区，这在瑞士保护生态平衡运动中起了先驱的作用，是瑞士的第一个世界自然遗产。当然，保存完好的阿尔卑斯山特有的高山植物或动物的生态系统也值得一提。

在奥地利境内的阿尔卑斯山深处有一处冰洞奇观——冰像洞穴，被人称为"冰雪巨人的世界"，它是欧洲最大的冰穴网。冰穴内的柱廊犹如迷宫，而穴室长约40千米，一直伸展到奥地利萨尔茨堡以南，好像教堂一般宽阔。冰穴的入口处有一堵高达30米的冰壁，冰壁上面是迷宫般的地下洞穴和通道。冰的造型犹如童话故事里描述的世界，因此赢得了"冰琴"、"冰之教堂"等名称。

山的深处还有冰凝的帷帘悬垂着，称为"冰门"。在山的更高处，偶尔会有冰冷的气流夹着呼啸声，沿狭窄的洞穴通道吹过。"冰雪巨人"是水渗入到数万年前形成的石灰岩洞的结果。冰像洞穴位于海拔1500米以上，冬天穴内异常寒冷。春季的融水和雨水渗进洞穴里，瞬间便凝结成壮观的积冰造型。

阿尔卑斯山脉地处温带和亚热带纬度之间，成为中欧温带大陆性湿润气候和南欧亚热带夏干气候的分界线。在阿尔卑斯山区，因为四周有高山的保护，越深的山谷越干燥，越高的山峰则有较多雨量。降雪量也是各地区不同，海拔 700 米的地区，有雪的日子每年约 3 个月；1800 米地区，有雪的日子可达半年；2500 米地区，有雪的日子可达 10 个月，2800 米以上地区，则终年积雪。在冬天，阿尔卑斯山区经常阳光普照，故此冬天是旅游阿尔卑斯山的最佳季节。

冰　门

乞力马扎罗火山

乞力马扎罗山位于坦桑尼亚的东北部。乞力马扎罗山海拔 5800 多米，是非洲第一高峰，素有"非洲屋脊"之称。"乞力马扎罗"的意思是"光辉的山"。它在辽阔的热带绿色草原上拔地而起，附近没有其他山峰，因此被称为"非洲大陆之王"。因为山顶终年冰雪覆盖，所以又有"赤道雪峰"之称。乞力马扎罗山四周都是山林，那里生活着众多的哺乳动物，其中一些还是濒于灭绝的种类。

乞力马扎罗山有两个主峰，一个叫基博，另一个叫马文济。两峰之间由一个 10 多千米长的马鞍形的山脊相连。远远望去，乞力马扎罗山是一座孤单耸立的高山，在辽阔的东非大草原上拔地而起，高耸入云，气势磅礴。

雄伟的蓝灰色的山体同其白雪皑皑的山顶一起，赫然耸立于坦桑尼亚北部的半荒漠地区，如同一位威武雄壮的勇士守卫着非洲这块美丽富饶的大陆。

乞力马扎罗火山

乞力马扎罗山是一座至今仍在活动的休眠火山。基博峰顶有一个直径 2400 米，深 200 米的火山口。口内四壁是晶莹无瑕的巨大冰层，底部耸立着巨大的冰柱，冰雪覆盖，宛如巨大的玉盆。

乞力马扎罗山实际上有 3 座火山，通过一个复杂的喷发过程它们连接在一起。最古老的火山是希拉火山，它位于主山的西面。它曾经很高，是伴随着一次猛烈的喷发而坍塌的，现在只留下 3810 米的高原。第二古老的火山是马文济火山，它是一个独特的山峰，附属于最高峰的东坡。乍看它似乎比乞力马扎罗峰毫不逊色，但它隆起的高度只有 5334 米。三座火山中最年轻、最大的是基博火山，它是在一系列喷发中形成的，并被约 2000 米宽的破火山口覆盖着。在相继的喷发中，破火山口内发育了一个有火山口的次级火山锥，在稍后的第三次喷发期间，又形成了一个火山渣锥。于是基博巨大的破火山口构成的扁平山顶，成了这座美丽的非洲山脉的特征。

关于乞力马扎罗雪峰的形成，有许多传说。一种传说是，这里曾发生过天神恩赐与恶魔的激战。恶魔从山内点燃大火，烟雾腾腾，火光冲天。天神针锋相对，用暴雨将大火浇灭，终于战胜恶魔。从此，乞力马扎罗山戴上了灿烂的雪冠。

在山脉的顶部是乞力马扎罗的永久冰川。这是极不寻常的，因为该山位于赤道之南仅三度处，但近来有迹象表明这些冰川在后退。山顶的降水量一年仅 200 毫米，不足以与融化而失去的水量保持平衡。有些科学家认为火山正在再次增温，加速了融冰的过程。而另一些科学家则认为，这是因为全球升温的结果。无论是什么引起的，乞力马扎罗山的冰川现在比19世纪缩小了是没有争议的。如果这种情况保持不变的话，乞力马扎罗山的冰帽到2200年将消失。

为保护乞力马扎罗火山的独特面貌和珍稀物种，人们于1968年建立了乞力马扎罗国家公园。乞力马扎罗国家公园在海拔1800米到乞力马扎罗峰之间，面积756平方千米。乞力马扎罗国家公园的景色丰富多彩。海拔1000米以下是莽莽苍苍的热带雨林，海拔2900米以上是高山灌木和草丛，雪线以上是苔原和冰原。公园内栖息着大象、疣猴、蓝猴、阿拉伯羚、大角斑羚等多种野生动物。

疣　猴

山脚下种植着大片的咖啡和香蕉，再往上就是森林了。每年充足的降水为林木的生长提供了足够的水分。在山上，蕨类植物能长到6米多高，而一些落叶林则常常高达9米多。海拔2740米以上，林木渐少，此处的主要植物是草类和灌木，有时会看到大象在草地上漫步。在海拔3900米处，恶劣的气候使得林木以及草类无法生长，这里主要生长着地衣和苔藓。穿过这些生物带就是乞力马扎罗山的主峰。

千奇百怪的岩石

路南石林

  路南石林位于云南省路南彝族自治县，"路南"是彝族的音译，含义是黑色的石头。这里距昆明120千米，是世界闻名的喀斯特地区之一，被人们赞誉为"天下第一奇观"。石林景区植被生长良好，森林覆盖率为30%。目前，石林风景区有小型的哺乳动物、爬行类动物、鸟类和昆虫等。凡滇中地区适宜的木本植物和花卉，在石林都可生长。

  据科学鉴定，距今2.7亿年前，石林地区还是一片汪洋，海底沉积有厚厚的石灰岩，经中生代地壳的运动，海底上升露出水面形成陆地。200万年来，在高温多雨的环境中，在强烈的溶蚀和日复一日的风化作用下，海水和雨水沿着构造裂

路南石林

隙运动，使溶沟不断地扩大和加深。久之先成石芽，继而形成千百万座拔地而起的石峰，与众多的石柱、石笋连片成群，最后形成了今天我们看到的石林。

在石林间的峡谷小路中穿行，就像在艺术博物馆中参观一样。众多巨石拔地而起，千姿百态，形态各异。人们根据石头的外形赋予了它们美丽的传说，其中最著名的就是"阿诗玛峰"的故事。

阿诗玛峰位于石林边缘，从某个特定角度看它，宛若一个身背花篮，亭亭玉立的美丽少女，她就是中国的少数民族撒尼族传说中的姑娘阿诗玛的化身。出于对她的怀念和敬仰，人们都喜欢与阿诗玛峰合影留念。

阿诗玛峰的倩影是路南石林最美的风景。此外，石林中还有骆驼峰、象石等众多传神的石刻作品。在路南石林，大自然的鬼斧神工给人无限的惊叹和感慨。

在喀斯特地貌地区，溶洞很常见。石林的发育，离不开地下水道系统的支持。完善的地下水道系统，能不停息地将溶解了石灰岩的水溶液冲走，保证溶蚀过程持续不断地进行下去，最终塑造出像石林这种规模巨大、造型千姿百态的地貌奇观。而地下水道自身也被不断地

阿诗玛

溶解，因此出现了地下溶洞，并随着地壳的变动，地下水的改道，于是就有了错综复杂的溶洞。

路南石林的地下有许多神奇的溶洞，例如芝云洞和奇风洞。芝云洞位于石林之西北约 3000 米处，是岩溶地貌的地下奇观之一。洞内有洞，大者可容千人，四壁布满石钟乳，击之有钟鼓声。另有石床、石田、石浪、石秤等物，谓之"仙迹"。洞顶岩溶滴落，历经亿万年，或如仙翁拄杖而立，或如玉笋、宝塔，或如青蛙跃然欲行，莫不惟妙惟肖。奇风洞位于大小石林东北 5000 米处，它由间歇喷风洞、虹吸泉和暗河三部分组成。

路南石林的另一景色就是那些低等生物了。如果分别在冬季和夏季来到石林，人们就会注意到石林的颜色大不一样。原来当雨季来临时，附在

岩石表面的藻类和苔藓，由于水分充足，生长旺盛，呈现一种墨绿色，使整个石林远看像一幅水墨画一般；冬季寒冷无雨时，石头上的藻类与苔藓干枯了，石林便呈现出一种灰白色。又由于石灰岩表面分布着一条条溶痕，凹凸不平，藻类与苔藓的分布也就相对不同，因此即使就单一的石灰岩来看，颜色也仿佛"墨分五彩"般具有丰富的层次。

巨人之路

在英国北爱尔兰安特里姆平原边缘，沿着海岸在玄武岩悬崖的山脚下，大约由4万多根巨柱组成的贾恩茨考斯韦角从大海中伸出来。这4万多根大小均匀的玄武岩石柱聚集成一条绵延数千米的堤道，被视为世界自然奇迹，这里就是巨人之路。

巨人之路又被称为巨人堤或巨人岬，这个名字起源于爱尔兰的民间传说。一种说法是由爱尔兰巨人芬·麦库尔创造的。他把岩柱一个又一个地移到海底，那样他就能走到苏格兰去与其对手芬·盖尔交战。当麦库尔完工时，他决定休息一会儿。而同时，他的对手芬·盖尔穿越爱尔兰来估量一下他的对手，却被睡着的巨人那巨大的身躯吓坏了。尤其是在麦库尔的妻子告诉他，这事实上是巨人的孩子之后，盖尔在考虑这小孩的父亲该是怎样的庞然大物时，也为自己的生命担心。他匆忙地撤回苏格兰，并毁坏了其身后的堤道。现在堤道的所有残余都位于安特里姆海岸上。

另外一种说法是爱尔兰国王军的指挥官巨人芬·麦库尔力大无穷，一次在同苏格兰巨人的打斗中，他随手拾起一块石块，掷向逃跑的对手。石块落在大海里，就成了今日的巨人岛。后来他爱上了住在内赫布里底群岛的巨人姑娘，为了接她到这里来，才建造了这么一条堤道。

从空中俯瞰，巨人之路这条赭褐色的石柱堤道在蔚蓝色大海的衬托下，格外醒目，惹人遐思。但是是什么样的自然伟力造就了这一举世闻名的奇观呢？真像人们传说的一样，巨人之路是人为建造的吗？

现代地质学家的研究解开了"巨人之路"之谜。数千万年以前，雏形期的大西洋开始持续地分裂和扩张。大西洋中脊就是分裂和扩张的中心，也即是分离的板块边界。上地幔岩浆从中脊的裂谷中上涌，覆盖着大片地域，熔岩层层相叠。现今爱尔兰和苏格兰两岛的熔岩高原就是当时大规模的熔岩流形成的。熔岩冷却后形成玄武岩，岩浆凝固过程要发生收缩，而且收缩力非常平均，以致裂开时形成规整的六棱柱体，这种过程有点像泥潭底部厚

巨人之路

厚的一层泥在阳光下曝晒干裂时的情景。贾恩茨考斯韦角的玄武岩石柱自形成以来的千万年间，受大冰期冰川的侵蚀及大西洋海浪的冲刷，逐渐被塑造出这一奇特的地貌。每根玄武岩石柱其实是由若干块六棱状石块叠合在一起组成的。波浪沿着石块间的断层线把暴露的部分逐渐侵蚀掉，把松动的搬运走。最终，玄武岩石堤的阶梯状效果就形成了。

巨人之路海岸包括低潮区、平均高度为100米的峭壁，以及通向峭壁顶端的道路和一块平地。火山熔岩在不同时期分五六次溢出，因此形成峭壁的多层次结构。

巨人之路是这条海岸线上最具有玄武岩特色的地方。大量的玄武岩柱石排列在一起，形成壮观的玄武岩石柱林，气势磅礴。石柱不断受海浪的冲蚀，在不同高度处被截断，导致巨人之路呈现高低参差的台阶状外貌。

组成巨人之路的石柱的典型宽度约为0.45米，延续约6000米长。有的石柱高出海面6米以上，最高者可达12米左右。也有的石柱隐没于水下或与海面一般高。类似的柱状玄武石地貌景观，在世界其他地方也有分布，如苏格兰内赫布里底群岛的斯塔法岛、冰岛南部、我国南京市六合区的柱子山等，但都不如巨人之路表现得那么完整和壮观。巨人之路是这种独特现象的完美的表现。这些石柱构成一条有台阶的石道，宽处又像密密的石林。巨人之路和巨人之路海岸，不仅是峻峭的自然景观，也为地球科学的

研究提供了宝贵的资料。

帕木克堡

土耳其西部帕木克堡白色的梯形阶地，如同扇贝似的层层叠起，绒毛状的白色梯壁和钟乳石梯形阶地上有许多水池。这些富含矿物质的温泉水一直被认为具有治病的神奇功效。千百年来，富含矿物质的温泉一直享有能治病的美誉。帕木克堡之名意为"棉垛城堡"。石头倒映于清澈的池水之中，就像结冰的瀑布；细长的石柱夹杂着夹竹桃的红花，在长满松林的山峰及灿烂的阳光衬托下，分外夺目。

帕木克堡的形成，早有"其为上古神灵收获和曝晒棉花的场所，久而久之棉花化为玉石而成"的传说。按照现代科学的解释，乳白色的"阶梯"是钙华，其主要组成成分是石灰质（碳酸钙），石灰质和溶洞里常见的钟乳石相近。这里的钙华来源于附近高原的温泉。雨水渗入地下，经过漫长的地下水循环，再以温泉的形式涌出，整个过程中水溶解了大量岩石中的石灰质和其他矿物质。当泉水涌出，从高原边缘顺淌时，石灰质逐渐析出，

帕木克堡

沉积在沿途上。而且其结晶析出的规律是在水流的波折处更容易发生沉积，凸者愈凸，久而久之，阶梯状的钙化堤就形成了帕木克堡的梯壁。

阶地和钟乳石分布范围约有 2000 米长，500 米宽，是附近高原上喷出的火山温泉造成的杰作。雨水溶解岩石里的石灰和其他矿物质，渗入地下成为泉水。泉水从高原边缘向下流淌时，便把这些矿物质沉积于山侧。长年累月，凡是泉水流过的地方都包上一层石灰质，逐渐形成了白色闪光的

梯壁、阶地和钟乳石。

科学家发现，富含矿物质的温泉可以治疗或减轻风湿、高血压和心脏病。帕木克堡泉水治病的功效在两千多年前已经出名了。据说古希腊城邦小国白加孟（土耳其西海岸附近的古希腊城邦）的国王尤曼尼斯二世曾在附近有喷泉的高原上建造了希拉波利斯城，现在帕木克堡上的废墟即由这个古城而来。公元前 129 年，希拉波利斯城成为罗马帝国属地，曾被之后的几代罗马皇帝选为王室浴场。再以后在老城的基础上屡建新的建筑，有宽阔的街道、剧院、公共浴场，还有用渠道供应温水的住宅，盛极一时。这时泉水的治病功效至少在公元前 190 年就已闻名遐迩了。

还有一种说法，据说白加孟国王尤曼尼斯二世是以白加孟国传奇式的创始人特利夫斯的妻子希拉的名字为此城命名的。到了公元 2 世纪，这里又建造了有不同温度的澡堂。洗澡的人先在冷水浴室里洗，接着到中温浴室往身上涂油，最后到高温和蒸汽浴室，用叫作擦身器的刮板把身上的油脂和污垢刮去。有的浴室中还发掘出医疗用具及珠宝。浴场还有一座小博物馆，陈列着精美的雕塑。

帕木克堡有一种植物和帕木克堡一样闻名遐迩，那就是夹竹桃。生长在帕木克堡的红夹竹桃与白色的阶地形成鲜明的对比。夹竹桃是直立灌木，高可达 5 米，叶长 7 ~ 15 厘米，宽 1 ~ 3 厘米，中脉于背面突起，侧脉密生而平行，边缘稍反卷。

夹竹桃

花红色（栽培品种有白花的），常为重瓣，芳香，果长 10 ~ 20 厘米。种子顶端有黄褐色种毛。花果期为 4 ~ 12 月。

石化林

木化石，又称硅化木、石化木、矽化木，是石化了的树木枝干化石。在距今1.5亿年的中生代侏罗纪，由于地壳运动或火山爆发，古代森林瞬间被泥沙碎石掩埋，树木中的有机质逐渐为二氧化硅所取代，形成了与石头一样的硅化木。树木虽然变成了化石，但其外部形态与内部结构仍然保留了树木的特征，为研究植物演化、环境变迁和气候变化提供了科学的依据。

木化石呈淡黄、褐黄、青灰或黑色，硬度较高（达7级左右）。由于长期的风蚀作用，造就了木化石的极佳观赏艺术效果，给人以无限的遐想和魅力，并具有很高的观赏价值。

典型的石化林存在于美国亚利桑那州的彩绘沙漠内。它是广泛散布的石化木和石化树的聚集地。来自火山灰的氧化硅溶于水并且渗入树木中，变成晶体，此时石化木便形成了。人们现在所见到的石化木的鲜艳色彩是由其他矿物质的添加而形成的。有些石化木看上去仿佛曾被斧子砍断以用作木柴，但它们可能是因地震断裂而形成了。

玛瑙桥是跨越在一条12米宽的溪流上方的单根石化木，它在跨度上没有支撑，但两端埋在砂岩中。

石化木森林公园由南、北两部分组成，景色就如泾河和渭河，严格区分，绝不相混。南部是石化木森林，是整个公园的主题。北部是"彩色沙漠"。闻其名便知，在此可观看沙漠风光，并且是彩色的沙漠风光。

石化林

巴林杰陨石坑

有一些奇观是以它们的美丽而著名，但美国亚利桑那州的巴林杰陨石坑却不属此类。它是 2 万 ~5 万年前陨石撞击地球在沙漠上留下的一个丑陋疤痕。陨石坑宽 1264 米，深 174 米，是世界上最大的撞击陨石坑。在墨西哥、南极洲、澳大利亚和西伯利亚也有类似的陨石坑。在 1871 年该陨石坑被发现后的一段时间里，许多欧洲人曾认为它是塌陷的火山顶。当地人谁也不知道这个坑是怎么来的，因为它太古老、太古老了。

美国采矿工程师巴林杰和他的儿子经过认真分析，猜测它是由天上掉下来的大陨铁撞出来的。巴林杰卖掉了全部财产买下这块土地，花费了毕生精力来研究它。1902 年丹尼尔·巴林杰博士

巴林杰陨石坑

证明洞口周围的岩石并不是火山岩，而显示出受某种巨大物体碾压过的迹象。它以极大力量和每小时约 6.9 万千米的速度撞入地面。其爆炸的能量可能是 1945 年 8 月毁掉日本广岛市的原子弹的 40 倍。陨石只是从宇宙坠入地球的一种岩石。陨石越大，它的撞击力就越强，最初人们不理解为什么在巴林杰陨石坑看不到陨石本身。有些人以为陨石被埋在地下了。

后来科学家们认识到，这块重 7 万吨，宽度至少在 25 ~30 米的巨石在落地时已击成碎块了。科学家们利用巴林杰陨石坑作研究，美国宇航员在那里进行训练，因为它与月球表面上的环形山是如此相像。一些游客也获许前来参观，他们顺着一条很陡的小道花 1 个小时可以走到陨石坑底。

目前世界各地发现的大陨石坑有 140 多个，清单还在继续列下去。美国地质学家威伊波特甚至认为，南极大陆极点附近的冰下有一个直径 240 千

米，深 800 米的陨石坑。当六七十万年前，一颗小天体从这里击中我们的行星后，地轴方向和地球自转速度都因此发生了改变。

越来越多的证据提示，恐龙的灭绝和白垩纪的终结是由于 6500 万年前一颗直径 10 千米的小行星在墨西哥湾一带击中地球所致。遮天蔽日的滚滚尘埃使大地陷入了严酷而持久的"星击之冬"。光合作用完全阻断，地球上的食物链彻底瓦解。随之而来的是恐龙和 2/3 其他物种的覆灭。

石头"走路"

美国加州的死亡谷名胜区是个异常奇特的地方：山上长满松树和野花，山顶白雪皑皑，山下沙漠一望无际，其中有盐碱地和个断移动的沙丘。死亡谷比海平面约低 150 米，是全美国最低、最热、最干燥的地方。

死亡谷中自然奇观很多，最吸引人的要算"会走路的石头"。这些石头散落在龟裂的干盐湖地面上，干盐湖长达 1.5 千米。干盐湖就是石头的"跑道"。

石头大小不一，外观平凡，奇怪的是每一块都在地面上拖着长长凹痕，有的笔直，有的略有弯曲或呈之字形。这些痕迹看来是石头在干盐湖地面上自行移动造成的，有些长达数百米。石头怎么会移动呢？有人说是超自然力量在作怪，有人说与不明飞行物体有关，有人则认为是自然现象。

石头"走路"

加州理工学院的地质学教授夏普经过 7 年研究，自信已经找出个中奥妙。他选了 30 块形状各异、大小不一的石头，逐一取了名字，贴上标签，并在原来的位置旁边打下金属桩作为记号，看看这些石头会不会移动。

除了两块外，其余的都离开了原来的位置。不到 1 年光景，有一块已移动数次，共"走"了287米，另一块9盎斯重的石头，则创造了一次行程最远的纪录：230米。

夏普研究了石头的"足迹"，并查核当时的天气情况，发现石头移动是风雨的作用，移动方向与盛行风方向一致，这是有力的证据。于盐湖每年平均雨量很少超过2寸，但是即使微量雨水也会形成潮湿的薄膜，使坚硬的黏土变得滑溜。这时，只要附近山间吹来一阵强风，就足以使石头沿着湿滑的泥面滑动，速度可高达1米/秒。

这些走路的石头使"跑道"成为旅游胜地。谜底虽然已经揭开，这种奇景却依然令人产生一种神秘莫测的感觉。

 # 艾尔斯巨石

澳大利亚艾尔斯巨石，又名乌卢鲁巨石，位于澳大利亚中北部的艾丽斯泉市西南方向约340千米处。艾尔斯岩高348米，长3000米，基围周长约8.5千米，东高宽而西低狭，是世界最大的整体岩石（体积虽巨，却是独块石头）。它气势雄峻，犹如一座超越时空的自然纪念碑，突兀于茫茫荒原之上，在耀眼的阳光下散发出迷人的光辉。

1873年一位名叫威廉·克里斯蒂·高斯的测量员横跨这片荒漠，当他又饥又渴之际发现眼前这块与天等高的石山，还以为是一种幻觉，难以置信。高斯来自南澳洲，故以当时南澳州总理亨利·艾尔斯的名字命名这座石山。艾尔斯巨石俗称为我们"人类地球上的肚脐"，号称"世界七大奇景"之一，距今已有4亿~6亿年历史。如今这里已辟为国家公园，每年有数十万人从世界各地纷纷慕名前来观赏巨石风采。

土著人称这座石山为"乌卢鲁"，意思是"见面集会的地方"。西方人称之为"艾尔斯石"，更迷人的是，艾尔斯石仿佛是大自然中一个爱漂亮的模特，随着早晚和天气的改变而"换穿各种颜色的新衣"。当太阳从沙漠的边际冉冉升起时，巨石"披上浅红色的盛装"，鲜艳夺目、壮丽无比；到中午，则"穿上橙色的外衣"；当夕阳西下时，巨石则姹紫嫣红，在蔚蓝的天空下犹如熊熊的火焰在燃烧；至夜幕降临时，它又匆匆"换"上黄褐色的

"晚礼服"，风姿绰约地回归
大地母亲的怀抱。

雨中的艾尔斯石气象万
千，飞沙走石、暴雨狂飙的
景象甚为壮观。待到风过雨
停，石上又瀑布奔流、水汽
迷蒙，好像一位披着银色面
纱的少女。向阳一面的几道

艾尔斯巨石

若隐若现的彩虹，有如头上的光环，显得温柔多姿。雨水在岩隙里形成了
许多水坑，而流到地上的雨水，浇灌周围的蓝灰檀香木、红桉树、金合欢
丛以及沙漠橡树、沙丘草等植物，使艾尔斯石突显勃勃生机。

艾尔斯巨石孤零零地奇迹般地凸起在那荒凉无垠的平坦荒漠之中，好
似一座荒凉礼赞般的、超越时空与地球空间的天然丰碑。对这块世界上独
一无二的巨大岩石，至今科学家仍破解不出其确凿的出处来源，有的说是
数亿年前从太空上坠落下来的流星石，其2/3沉入了地下，1/3浮在了地
面。有的则说是1.2亿年前与澳洲大陆一起浮出水面的深海沉积物，恐怕这
个难题将成为千古之谜。

浩瀚无边的沙漠

罗布泊

罗布泊在新疆若羌县境内东北部，位于塔里木盆地东部，地处古代丝绸之路的要冲，为古代东西交通必经之地，沿岸至今还保存不少古迹。罗布泊曾是我国第二大内陆河，海拔780米，面积2400～3000平方千米。罗布泊曾有过许多名称，有的因它的特点而命名，如坳泽、盐泽、涸海等，有的因它的位置而得名，如蒲昌海、牢兰海、孔雀海等。

古罗布泊形成于第三纪末、第四纪初，距今已有200万年的历史，在新构造运动影响下，湖盆地自南向北倾斜抬升，分割成几块洼地。现在的罗布泊是位于北面最低、最大的一个洼地，曾经是塔里木盆地的积水中心。古代发源于天山、昆仑山和阿尔金山的河流，源源注入罗布泊洼地形成湖泊。

泛指的罗布泊为罗布泊荒漠地区，东起玉门关，西至若羌至库尔勒的沙漠公路，北起库鲁克塔格山山脉，南至阿尔金山脚下，跨越了新疆和甘肃两省区地界。由于人们习惯使用泛指的罗布泊概念，离开库尔勒数千米的戈壁就被列入罗布泊范围了。狭义的罗布泊指该地区于20世纪70年代干涸的中国最大的漂移湖，位于该地区中心位置，也是最低洼地区，现虽为干涸湖盆，湖底面积仍有1200多平方千米，呈椭圆形，因为逐年干涸，形似大耳朵。

遍布罗布泊地区的雅丹，亦称雅尔当，原是罗布泊地区维吾尔人对险峻山丘的称呼。19 世纪末至 20 世纪初，瑞典人斯文·赫定和英国人斯坦因，先后来罗布泊地区考察，在他们的撰文中提到雅丹一词，于是雅丹便成为世界地理工作者和考古学家通用的地形术语。

在当地古老的传说中，往往把雅丹称作"龙城"。因罗布泊周围发育着典型的雅丹地形，似龙像城而得

罗布泊

名。相传遥远的年代，罗布泊附近有个国家，百姓们衣不遮体，食不果腹，而国王却花天酒地。玉皇大帝得知此事，便扮做和尚下凡"化缘"。昏庸无道的国王仅施舍给他了一点盐巴。玉皇大帝大怒，调来盐泽水，淹没了这个国家，水退后出现了"龙城"。元代，意大利旅行家马可波罗来到罗布泊地区，他在记文中写道："沿途尽是沙山沙谷，无食可觅，行人夜中骑行，则闻鬼语。"每当月白风清之夜，宿营"龙城"中，颇觉眼前景物，不是古城，胜似古城。分布在罗布泊荒漠北部的风蚀土堆群，面积达 2600 多平方千米。由于罗布泊地区常年风多风大，天长日久，土台星罗棋布。土台变幻出各种姿态，时而像一支庞大的舰队，时而又像无数条鲸在沙海中翻动腾舞，时而又像座座楼台亭阁，时而又像古城寨堡。置身于扑朔迷离、深邃的土台群中，满目皆是神秘、奇特、怪异的"亭台楼阁"，使人浮想联翩，流连忘返。

罗布泊被称为游移湖或交替湖。事实上，所谓罗布泊游移，只是塔里木河尾端位置的变动，湖盆本身并不游移。在封闭性的内陆盆地平原地区，河流下游经常自然改道。改道后的河流终点形成新湖泊，旧湖泊则逐渐干涸，成为盐泽。地质构造上，塔里木盆地东端是凹陷区，整个凹陷可称为罗布泊洼地，罗布泊湖盆就在这个洼地上。塔里木河以罗布泊洼地为最后归宿。罗布泊形成可能始于上新世或更新世初。以后东侧地壳上升，湖水

向西移动，湖盆东侧遗留下数条痕迹。湖水虽随地势变化而移动，但并未越出湖盆范围，故游移之说并不恰当。另外，罗布泊洼地古来即为人烟稀少地区，新湖泊形成后，无法随时命以固定的新名，而均沿用老湖名。实际上，汉唐以来的古书中均将塔里木河终点形成的湖

罗布泊"龙城"

泊，称为蒲昌海、盐泽或牢兰海。17世纪以来则称罗布淖尔或罗布泊。上述情况说明，并非湖泊本身游移或交替，而为老名新用或地名搬家。

 # 魔鬼城

　　魔鬼城又称乌尔禾风城，位于我国新疆维吾尔自治区准噶尔盆地西北边缘的佳木斯河下游的乌尔禾矿区，西南距克拉玛依市100千米。这里有着罕见的形状怪异的风蚀地貌。当地蒙古人将此城称为"苏木哈克"，哈萨克人称为"沙依坦克尔西"，其意皆为魔鬼城。魔鬼城不仅因为它特殊的地貌形同魔鬼般狰狞，而且源于狂风刮过此地时发出的声音有如魔鬼般令人毛骨悚然。

　　新疆的魔鬼城有多处，大多处于戈壁荒滩或沙漠之中，其中较为著名的有4座，即乌尔禾魔鬼城、奇台魔鬼城、克孜尔魔鬼城、哈密魔鬼城。乌尔禾魔鬼城处在佳木斯河下游，正对着西北方由成吉思汗山与哈拉阿拉特山夹峙形成的峡谷风口，其神奇地貌是在间歇洪流冲刷和强劲风力吹蚀的共同作用下形成的。

　　远眺乌尔禾魔鬼城，宛若中世纪的一座古城堡。但见堡群林立，参差错落，给人以苍凉恐怖之感。魔鬼城是赭红与灰绿相间的白垩纪水平砂泥岩和遭流水侵蚀与风力旋磨、雕刻形成的各类风蚀地貌形态的组合，有平

顶方山、块丘、石墙、石笋、石兽、石人、石鸟、石鱼、石龟、石巷、石堡、石殿、石亭、石蘑菇……形态万千，变化不一。

据考察，约1亿多年前的白垩纪时期，这里是一个巨大的淡水湖泊，湖岸生长着茂盛的植物，水中栖息着乌尔禾剑龙、蛇颈龙、准噶尔翼龙和其他远古动物。经过两次大的地壳变动后，湖泊变成了间夹着砂岩和泥板

乌尔禾魔鬼城

岩的陆地旱海，地质学上称之为"戈壁台地"。20世纪60年代，地质工作者在这里发掘出一具完整的翼龙化石，从而使乌尔禾魔鬼城蜚声天下。

乌尔禾魔鬼城地区奇石种类丰富，而且蕴藏量极大，除有动植物化石外，还有结核石、彩石、风凌石、泥石、玛瑙石、戈壁玉、方解石、结晶石、水晶石等。其中，河卵石状的五色植物化石、砂岩结核石、石英质彩石等在全国都颇有名气，特别是五色玛瑙质植物化石、砂岩结核石在其他地方尚未发现，绝无仅有，具有很高的考古、观赏、收藏价值。在起伏的山坡地上，布满着血红、湛蓝、洁白、橙黄的各色石子，更给魔鬼城增添了几许神秘色彩。

千百万年来，由于风雨剥蚀，地面形成深浅不一的沟壑，裸露的石层被狂风雕琢得奇形怪状：有的呲牙咧嘴，状如怪兽；有的危台高耸，垛堞分明，形似古堡。这里似亭台楼阁，檐顶宛然；那里像宏伟宫殿，傲然挺立。真是千姿百态，令人浮想联翩。

魔鬼城属于典型的雅丹地貌。"雅丹"是地理学名词，在维吾尔语中意为"险峻的土丘"，专指干燥地区的一种特殊地貌。它的演变过程是沙漠里基岩构成的平台形高地内部有节理或裂隙，暴雨的冲刷使得裂隙加宽扩大，

之后由于大风不断剥蚀，渐渐形成风蚀沟谷和洼地，孤岛状的平台小山则变为石柱或石墩。这种地貌是由三叠纪、侏罗纪、白垩纪的各色沉积岩组成的，天长日久就形成了这样绚丽多彩、姿态万千的自然景观。

五彩湾

　　五彩湾位于新疆吉木萨尔县城以北100余千米的古尔班通古特沙漠中，由五彩城、火烧山、化石沟组成。五彩湾地貌起伏，奇峰怪石众多。五彩湾不但风光雄奇，而且还是一座天然宝库，储藏着丰富的石油资源和大量的黄金、珍珠、玛瑙、石英等20多种矿产。在沙漠植被地带还栖居着野驴、石鸡等珍禽异兽。

　　五彩湾是受风力剥蚀、流水冲刷等自然力作用形成的一座座孤立的小丘。早在侏罗纪时代，这里沉积了很厚的煤层。由于地壳的强烈运动，地表凸起，那些煤层也随之露出地表。历经风蚀雨剥后，煤层表面的沙石被冲蚀殆尽。在阳光曝晒和雷电袭击的作用下，煤层大面积燃烧，形成了烧结岩堆积

五彩湾

的大小山丘，加上各个地质时期矿物质的含量不尽相同，这一带连绵的山丘便呈现出以赭红为主夹杂着黄白黑绿等多种色彩的绚丽景观。五彩湾的这些美丽的山包，其实不过是煤层燃烧后的一堆堆的灰烬。

　　五彩湾是由沉积了各种鲜艳的湖相岩层的数十座五彩山丘组成，像一座座诡秘的古堡，故又称五彩城。粗略估计，面积有十几平方千米。五彩城随着一天中太阳光线和昼夜的变化，其色彩也随之变化，充满诗情画意。五彩城早、午、晚三个时段所展现的姿态各不相同，给人留下的感觉也是

不一样的。

　　早晨，一轮红日从地面喷薄而出，射出一屏孔雀尾状的金辉，蓝宝石一样的天空飘浮着一朵朵羽绒般的彩云，此刻五彩城就像一个出浴的圣女，秀雅而多姿。几个高高耸起的山丘，裹匝着十几种不同的彩带伫立在晨曦之中。

　　中午的五彩城炽热如火，仿佛整个世界的阳光都聚集这里，山丘的色彩在阳光的威逼下变得淡化，仿佛一场熄灭了几万年的大火等待重新点燃。

　　黄昏，落日的余晖使那些本已淡化的色彩一下子强烈起来，五彩城也变得绚丽多彩。被晚霞描绘的天空就像一个温馨的彩罩，和五彩城融合在一起，使人恍若置身于美丽的梦境。夜色下的五彩城安祥而静谧，一览无余的星空下，五彩城浸润在一片如水的月光里，若隐若现的山头就像一片灰色的云烟，更增添了它的梦幻色彩。

　　化石沟是五彩湾的又一盛景，化石沟中分布着壮观的砖化木林、各种树木种子的化石、果实化石及各种动物化石。这是由于化石沟所在区原为汪洋大海，岸边是茂密的原始森林，后来地壳几经变迁，大片森林和其他

化石沟出土的巨型化石

动植物被深埋地下，变成化石后复出地表，便形成了今天化石沟的面貌。

鸣沙山

　　鸣沙山月牙泉风景名胜区，位于甘肃省敦煌市城南5千米处。古往今来以"山泉共处，沙水共生"的奇妙景观著称于世，被誉为"塞外风光之一绝"。鸣沙山和月牙泉是大漠戈壁中一对孪生姐妹，"山以灵而故鸣，水以神而益秀"，人们无论从山顶鸟瞰，还是泉边畅游，都会骋怀神往，确有

"鸣沙山怡性，月牙泉洗心"之感。

鸣沙山因沙动成响而得名。山为流沙积成，沙分红、黄、绿、白、黑五色，汉代称沙角山，又名神沙山，晋代始称鸣沙山。鸣沙山东西绵亘约40千米，南北宽约20千米，主峰海拔1715米，沙垄相衔，盘桓回环。沙随足落，经宿复初，此种景观实属世界所罕见。

所谓鸣沙，并非自鸣，而是因人沿沙面滑落而产生鸣响，是自然现象中的一种奇观，有人将其誉为"天地间的奇响，自然中美妙的乐章"。当人从山巅顺陡立的沙坡下滑，流沙似金色群龙飞腾，鸣声随之而起，初如

鸣沙山

丝竹管弦，继若钟磬合鸣，进而金鼓齐响，轰鸣不绝于耳。

自古以来，由于不明鸣沙的原因，产生过不少动人的传说。相传，这里原本水草丰茂，有位汉代将军率军西征，一夜遭敌军偷袭。正当两军厮杀难解难分之际，大风骤起，刮起漫天黄沙，把两军人马全都埋入沙中，至今犹有沙鸣则是两军将士的厮杀之声的说法，从此就有了鸣沙山。据《沙州图经》载：鸣沙山"流动无定，俄然深谷为陵，高岩为谷，峰危似削，孤烟如画，夕疑无地。"这段文字描述了鸣沙山形状多变，是由流沙造成的。鸣沙山东西南北纵横的山体，宛如两条沙臂张伸围护着鸣沙山麓的月牙泉。

月牙泉，处于鸣沙山环抱之中，其形酷似一弯新月而得名，古称沙井，俗名药泉，自汉朝起即为"敦煌八景"之一，得名"月泉晓彻"。月牙泉南北长近100米，东西宽约25米，泉水东深西浅，最深处约5米，一弯清泉，涟漪萦回，碧如翡翠。泉在流沙中，干旱不枯竭，风吹沙不落，蔚为奇观。历代文人学士对这一独特的山泉地貌、沙漠奇观称赞不已。

流沙与泉水之间仅数十米，但虽遇烈风而泉却不被流沙所湮没，地处

戈壁而泉水则不浊不涸。历来水火不能相容，沙漠、清泉难以共存。但是月牙泉就像一弯新月落在黄沙之中。泉水清凉澄明，味美甘甜，在沙山的怀抱中娴静地躺了几千年，虽常常受到狂风凶沙的袭击，却依然碧波荡漾，水声潺潺。它的神奇之处就是流沙永远填埋不住清

月牙泉

泉。月牙泉，梦一般的谜，在茫茫大漠中有此一泉，在黑风黄沙中有此一水，在满目荒凉中有此一景，深得天地之韵律，造化之神奇，令人神醉情驰。

 ## 中国的大戈壁

中国有一个大戈壁沙漠，它形成的原因，是因为深处内陆，三大洋带有湿气的海风，吹到这里已经干燥。因为空气干燥，所以不下雨。因为不下雨，所以草木不生，大地尽是黄沙一片。

戈壁，蒙古语意译"难生草木的土地"。从峰峦重叠的甘肃祁连山北麓，到新疆天山西麓，极目晴空，浩浩无际，云山邈远，大漠苍茫，砾石侵天涯，蜃楼映乱峰，这里有广袤而壮观的瀚海戈壁。

新疆和甘肃由于其特殊的地形影响，降水稀少，地表植被稀疏，风将盆地中的沉积物吹扬，翻动和再堆积而形成沙漠。同时，广大山前洪积、冲积平原及剥蚀平原区则因细沙土被吹走，变成了戈壁。

新疆有著名的塔克拉玛干沙漠、古尔班通古特沙漠；有将军戈壁、诺敏戈壁、噶准戈壁等。典型的大戈壁，寸草不生，没有任何生物，只有无数的砾石与沙粒或全部是碎石。好一点的戈壁，还有点芨芨草、梭梭、红柳，偶尔有一两棵曼陀罗开着白花。有几只像黑漆涂出来的乌鸦。这里什

么都没有，没有飞鸟的影子，没有虫声，连苔藓的痕迹都没有。就是一片大平地，平极了。地面都是砾石，都差不多大，好像是筛选过的。有黑的、有白的，铺得很均匀，没有任何其他色彩和生命色调，一片灰茫茫。远看像铺了一地炉灰渣子。一望无际，极度荒凉，像是到了一个什么别的星球上。苍茫大戈壁，漫漫黄沙砾石一直铺向天外，看不见尽头。没有水源，没有一丁点绿色。天上不见飞鸟，地上不见走兽，甚至没有一丝生命的迹象。走在戈壁上，比沙漠的感觉更荒凉，干燥凄凉，仿佛走在了生命的尽头。

在沙漠戈壁滩，出于白天地表被太阳晒得滚烫，接近地面的空气层温度升得很高，密度很稀，出现了下层空气密度反面比上层小的反常现象。这时，前方物体发出的光线，有一部分经过密度比较稳定的上层空气，以直线投入人眼中。另一部分则由密度大的空气层进入密度小的空气层，发生了折射，折射光线到了密度小的空气层和地面时，又发生反射，光线再次被反射到地面来，最后投入人眼中。这时我们所看到贴近地面的半空中出现山峦、树木、湖泊、楼阁等物体的幻影。时而清晰、时而缥缈，宛若神仙境界，这种奇特的空中幻景就是"海市蜃楼"。在酷热、干旱的沙漠戈壁中旅行的人，常有机会看到这种情景。幻影曾经欺骗很多孤独干渴绝望的游人。

 ## 塔克拉玛干沙漠

塔克拉玛干沙漠古称"莫贺延迹"，位于塔里木盆地中部，是中国最大的沙漠，总面积约 30 万平方千米，其中流沙便占总面积的 85%，是世界第二流动性沙漠。这里地形起伏很大，昼夜温差极大。塔克拉玛干在维吾尔语里意即"进去出不来的地方"。在这片有待开垦的土地上，有以胡杨林为主的原始森林、种类繁多的沙漠植物和野生动物。

塔克拉玛干大沙漠是何时形成的，科学界至今尚无统一的认识。虽然有学者曾经根据沉积地层中埋藏的古风砂进行了研究，但由于风成砂很难在地层中保存，即使发现零星的露头，也很难据此判断古沙漠形成的时间、规模、形态和古环境状况。白天，塔克拉玛干赤日炎炎，银沙刺眼，沙面温度有时高达70~80摄氏度。旺盛的蒸发，使地表景物飘忽不定，沙漠旅人常常会看到远方出现朦朦胧胧的"海市蜃楼"。沙漠四周，沿叶尔羌河、塔里木河、和田河和车尔臣河两岸，生长发育着密集的胡杨林和怪柳灌木，形成"沙海绿岛"。沙层下有丰富的地下水资源和石油等矿藏资源。

干旱的河床遗迹几乎遍布于塔克拉玛干沙漠，湖泊残余则见于部分地区（如沙漠的东部等）。沙漠之下的原始地面是一系列古代河流冲积扇和三角洲所组成的冲积平原和冲积湖积平原。北

塔克拉玛干沙漠

部大致为塔里木河冲积平原，西部为喀什噶尔河及叶尔羌河三角洲冲积扇，南部为源出昆仑山北坡诸河的冲积扇三角洲，东部为塔里木河、孔雀河三角洲及罗布泊湖积平原。沉积物都以不同粒径所组成的沙子为主，沙漠南缘厚度超过150米。在沙漠地下2~4米、最深不超过10米的地方，有清澈丰富的地下水。

塔克拉玛干沙漠除局部尚未被沙丘所覆盖外，其余都被均为形态复杂的沙丘所占。塔克拉玛干沙漠流动沙丘的面积很大，沙丘高度一般在100~200米间，最高达300米左右。沙丘类型复杂多样，复合型沙山和沙垄，宛若憩息在大地上的条条巨龙；塔型沙丘群，呈各种蜂窝状、羽毛状、鱼鳞状，沙丘变幻莫测。

塔克拉玛干沙漠有两座红白分明的高大沙丘，名为"圣墓山"。它是分别由红砂岩和白石膏组成，由沉积岩露出地面后形成的。"圣墓山"上的风蚀蘑菇，奇特壮观，高约5米，巨大的盖下可容纳10余人。沙漠东部主要由延伸很长的巨大复合型沙丘链所组成，一般长5~15千米，最长可达30千米，宽度一般在1~2千米间。沙丘的落沙坡高大陡峭，迎风坡上覆盖有

次一级的沙丘链。丘间地宽度为 1~3 千米，延伸很长，但被一些与之相垂直的低矮沙丘所分割，形成长条形闭塞洼地，有沮洳地和湖泊等分布其间。沙漠东北部湖泊分布较多，但往沙漠中心则逐渐减少，且多已干涸。沙漠中心东经 82~85 度间和沙漠西南部主要分布着复合型的纵向沙垄，延伸长度一般为 10~20 千米，最长可达 45 千米。金字塔状的沙丘分布或成孤立的个体，或成串状组的狭长而不规则的垅岗。沙漠北部可见高大弯状沙丘，西部及西北部可见鱼鳞状沙丘群。

千年胡杨

在我国最长的内陆河塔里木河河畔，分布着世界最大的原始胡杨森林。全世界胡杨林有 10% 在中国，而中国的胡杨林有 90% 在塔里木河畔。胡杨远在 13500 多万年前就出现了，被称为"第三纪活化石"，是世界上最古老的一种杨树。正因为它的古老和原始，其历史价值是任何树种所不能与之相比的。胡杨树有"生而不死一千年，死而不倒一千年，倒而不朽一千年"的强大生命力，赢得了人们的敬仰。

岩塔沙漠

岩塔沙漠位于澳大利亚西部的西澳首府伯斯以北约 250 千米处，在临近澳大利亚西南海岸线的楠邦国家公园内。这片沙漠荒凉不毛，人迹罕至。沙漠中林立着无数塔状孤立的岩石，故而得名。形态各异的岩塔，遍布于茫茫的黄沙之中，景色壮观，使人感觉神秘而怪异。有人形容这种景象为

"荒野的墓标"，让人感到世界末日的来临。这里地形崎岖，地面布满了石灰岩，只有越野汽车可驶到那里。

暗灰色的岩塔高 1 ~ 5 米，矗立在平坦的沙面上。往沙漠腹地走去，岩塔的颜色由暗灰色逐渐变成金黄。有些岩塔大如房屋，有些则细如铅笔。岩塔数目成千上万，分布面积约 4 平方千米。

每个岩塔形状不同，有的表面比较平滑；有的像蜂窝；有的一簇岩塔酷似巨大的牛奶瓶散放在那里，等待送奶人前来收集；还有一簇名为"鬼影"，中间那根石柱状如死神，正在向四周的众鬼说教。其他岩塔的名字也都名如其形，但是不像"鬼影"那样令人毛骨悚然，例如叫"骆驼"、"大袋鼠"、"臼齿"、"门口"、"园墙"、"印第安酋长"或者"象足"等。虽然这些岩塔已有几万年的历史，但肯定是近代才从沙中露出来的。在 1956 年澳大利亚历史学家特纳发现它们之前，外界似乎对此一无所知，只是口头流传着。早期的荷兰移民曾经在这个地区见过一些他们认为是类似城市废墟的东西。

20 世纪，从来没有人提及过这些岩塔。如果它们露出地面，肯定会被当时的牧人发现。因为他们经常在珀斯以南沿着海岸沙滩牧牛，附近的弗洛巴格弗莱脱还是牧人常去休息和饮水的地方。

岩塔沙漠

1837 ~ 1838 年，探险家格雷在其探险途中曾从这个地区附近经过。他每过一地，必详细记下日记，但在他的日记中没有关于岩塔的记载。

科学家估计这些岩塔的历史有 25000 ~ 30000 年。肯定在 20 世纪以前至少露出过沙面一次。因为有些石柱的底部发现黏附着贝壳和石器时代的制品。贝壳用放射性碳测定，大约有 5000 多年历史。这些尖岩可能在 6000 多年前已被人发现。但是这些岩塔后来又被沙掩埋了数千年，因为在当地土

著的传说中没有提到过这些岩塔。

1658年，曾在这一带搁浅的荷兰航海家李曼也没有提及它们，只是在他的日记中提到两座大山——南、北哈莫克山，都离岩塔不远。如果当时这些石灰岩塔露出沙面，李曼必定会记在他的日记里。沙漠上风吹沙移，会不断把一些岩塔暴露出来，又不断把另一些掩盖起来。因此，几个世纪以后，这些岩塔有可能再次消失，但它们的形象已经在照片中保存下来了。

这些岩塔是如何形成的呢？帽贝等海洋软体动物是构成岩塔的原始材料。几十万年前，这些软体动物在温暖的海洋中大量繁殖，死后，贝壳破碎成石灰沙。这些沙被风浪带到岸上，一层层堆成沙丘。

最后，在冬季多雨，夏季干燥的地中海式气候下，沙丘上长满了植物。植物的根系使沙丘变得稳固，并积累腐殖质。冬季的酸性雨水渗入沙中，溶解掉一些沙粒。夏季沙子变干，溶解的物质结硬成水泥状，把沙粒黏在一起变成石灰石。腐殖质增加了下渗雨水的酸性，加强了胶黏作用，在沙层底部形成一层较硬的石灰岩。植物根系不断伸入这层较硬的岩层缝隙，使周围又形成更多的石灰岩。后来，流沙把植物掩埋，植物的根系腐烂，在石灰岩中留下了一条条隙缝。这些隙缝又被渗进的雨水溶蚀而拓宽，有些石灰岩风化掉，只留下较硬的部分。沙一吹走，就露出来成为岩塔。岩塔上有许多条沙痕，纪录了沙丘移动时沙层的厚度及其坡度的变化。

撒哈拉沙漠

撒哈拉沙漠是世界上最大的沙漠，位于非洲北部，西临大西洋，东濒红海，北起阿特拉斯山麓，南至苏丹，东西4800千米，面积700多平方千米。自古以来，撒哈拉这个孤寂的大自然便拒绝人们生存于其中。风声、沙动支配着这个壮观的世界。风的侵蚀、沙粒的堆积造成了这个极干燥的地表。

"撒哈拉"一词，阿拉伯语的原意是"广阔的不毛之地"，后来转意为大荒漠。撒哈拉沙漠水源贫乏，植物稀少，地势平缓，平均海拔高度约300米，中部有三大高原和海拔3415米的最高峰库西山。高原上布满了在过去潮湿气候时期流水形成的干河谷。高原的外围是大片的岩漠和砾漠，再向外是沙海，沙漠里点缀着寥若晨星的绿洲。

在浩瀚的沙漠里，也有人间天堂——绿洲。绿洲是地下水出露或溪流灌注的地方。这里渠道纵横，流水淙淙，林木苍郁，景色旖旎，从高空鸟瞰，犹如沙海中的绿色岛屿。绿洲是沙漠地区人们经济活动的中心。绿洲

撒哈拉沙漠

的外围是棕榈林，林间空地是开垦的农田。田间种植各种农作物，最普遍的是枣椰树。枣椰树的果实椰枣甜美多汁，被用来做主食，树干用来搭房架，叶柄用来当柴火，叶子用来扎篱笆和盖茅房，叶子纤维用来制扫帚、篮子和水囊，树皮用来做绳索和骑垫。

棕榈林的深处隐藏着村镇。这里的民房是土木结构，墙壁厚实，顶上用黄土垒平，屋里冬暖夏凉，既能防炎热，又能防沙暴。10 月是撒哈拉的黄金季节，是沙漠商队起程的好时光。撒哈拉沙漠的民间贸易全靠商队来沟通。一支商队大约由 10 多个人和 100 多峰骆驼组成，他们的目的地是绿洲。当他们来到绿洲后，宿营在绿洲的外面，当地穿红着绿的妇女和姑娘们，就背着椰枣和商队的小米进行易货交易。在沙漠里，盐几乎同黄金一样昂贵，商队把质量好的盐棒带回家乡出售，价格可以比原价高出十几倍，所以盐也是商队交换的一种主要商品。商队的到来，增添了绿洲集市的贸易气氛。

撒哈拉沙漠风沙盛行，沙暴频繁，尤其春季，是沙暴的高发季节。沙暴来临时，狂风怒吼，飞沙走石，霎时间天昏地暗，黄沙吞噬了大漠中的一切，交通被迫中断。几小时后，沙暴平息，街巷、广场、房舍，到处都是一层厚厚的沙尘。树林前缘，常堆起沙堆或沙丘。可是天气特别晴朗，令人有"风过沙山分外明"的感觉。沙漠中的一切景物，好像比平时更为清晰。沙漠中的风暴，把碎石、沙子和尘土吹走，留下岩石裸露的地表，

这里便成为岩漠。岩漠又称石漠，岩漠中常常见到各种造型独特的地貌形态。

大漠中的风力强劲，其威力之大往往出乎人们的意料。风能把岩石表面已经风化破裂的碎石和沙粒吹扬带走，扩大岩石中的裂纹、裂隙，加快风化的速度。同时，风挟带的碎石、沙子在岩石的上部和岩块之间的裂

撒哈拉沙漠中的棕榈林

缝、沟槽中对岩壁进行磨蚀，使岩块逐渐被磨削而变细变形。磨蚀还能随着风力的大小，风向的转换，像能工巧匠一样，不断地变换它的雕琢手法，使岩石的各种造型更加精奇多姿、瑰丽壮观。风雕的造型千姿百态、惟妙惟肖。

地面上堆积的沙粒被风刮走，留下了石块、石子，这里便成为砾漠，也就是人们常说的戈壁。戈壁滩上的砾石，白天受炽热的阳光不停地照射，连砾石裂缝间含有的一点水分也无法保存。但被水分溶解的一些铁锰之类的矿物质，却凝聚在砾石表面上，形成一层乌黑发亮的硬壳，使戈壁滩上一片漆黑，人们通常称其为"沙漠岩漆"。地表砾石经风沙的长期磨蚀，表面便形成与风向相同的磨光面，磨光面之间有一个明显的棱脊，这种砾石叫"风棱石"。由于风棱石的磨光面与常年风向一致，所以是戈壁滩上可靠的风向标。

当地沉积的大量沙土，被风吹刮，细的尘土被吹走，沙子留下来，再加上风沙中挟带的沙子带到这里来沉积，这样就使地面上的沙子越积越多，从而形成沙海——一望无际的沙漠。

骷髅海岸

在非洲纳米比亚的纳米布沙漠和大西洋冷水域之间，有一片白色的沙

漠，葡萄牙海员把纳米比亚这条绵延的海岸线称为"骷髅海岸"。这条500千米长的海岸备受烈日煎熬，显得那么荒凉，却又异常美丽。从空中俯瞰，骷髅海岸是一大片褶痕斑驳的金色沙丘，这是从大西洋向东北延伸到内陆的沙砾平原。沙丘之间，闪闪发光的蜃景从沙漠岩石间升起，围绕着这些蜃景的是不断流动的沙丘，在风中发出隆隆的呼啸声。

骷髅海岸沿线充满危险，有交错的水流、8级大风、令人毛骨悚然的雾海和深海里参差不齐的暗礁。来往船只经常失事，传说有许多失事船只的幸存者跌跌撞撞爬上了岸，庆幸自己还活着，孰料竟慢慢被风沙折磨

骷髅海岸

致死。因此，骷髅海岸布满了各种沉船残骸和船员遗骨。

空中俯瞰骷髅海岸—褶皱斑驳的金色沙丘在海岸沙丘的远处，7亿年来由于风的作用，岩石被刻蚀得奇形怪状，犹如妖怪幽灵从荒凉的地面显现出来。在南部，连绵不断的内陆山脉是河流的发源地，但这些河流往往还未进入大海就已经干涸了。这些干透了的河床，伴着沙漠中独有的荒凉，一直延伸到被沙丘吞噬为止。还有一些河，如流过富含黏土的峭壁狭谷的霍阿鲁西布干河，当内陆降下倾盆大雨时，巧克力色的雨水使这条河变成滔滔急流，有机会流入大海。

因为骷髅海岸的河床下有地下水，所以滋养了无数动植物，种类繁多，令人惊异。科学家称这些干涸的河床为"狭长的绿洲"。湿润的草地和灌木丛也吸引了纳米比亚的哺乳动物来此寻找食物。大象把牙齿深深插入沙中寻找水源，大羚羊则用蹄踩踏满是尘土的地面，想发现水的踪迹。

在海边，大浪猛烈地拍打着倾斜的沙滩，把数以万计的小石子冲上岸边，花岗岩、玄武岩、砂岩、玛瑙、光玉髓和石英的卵石都被翻上了滩头，给这里带来了些许亮色。迷雾透入沙丘，给骷髅海岸的小生物带来生机，

它们会从沙中钻出来吸吮露水，充分享受这唯一能获得水分的机会与乐趣。会挖沟的甲虫，此时总要找个能收集雾气的角度，然后挖条沟，让沟边稍稍垄起，当露水凝聚在垄上流进沟时，它就可以舔饮了。雾也滋养着较大的动物，盘绕的蝮蛇，用嘴啜吸鳞片上的湿气。在冰凉的水域里，居住着沙丁鱼和鲻鱼，这些鱼引来了一群群海鸟和数以千万计的海豹。在这片荒凉的骷髅海岸外的岛屿和海湾上，繁衍生存着躲避太阳的蟋蟀、甲虫和壁虎。长足甲虫使劲伸展高跷似的四肢，尽量撑高身躯，离开灼热的地面，享受相对凉爽的沙漠微风的吹拂。

南非海狗是这片海岸的主人，它们大部分时间生活在海上，但到了春季，它们要回到这里生儿育女，漫长的海岸线就是它们爱的温床。到了陆地上，海狗的动作可不像在海里那样敏捷、优美。它们把鳍状肢当作腿来使用，那笨拙而可爱的模

南非海狗

样让人忍俊不禁。当小海狗出生后，海狗妈妈要到海上觅食，令人惊奇的是，母子两个竟然能在上万只海狗的叫声中找到对方，母子情深可见一斑。

寒冷的冰雪世界

玉龙雪山

玉龙雪山位于我国云南省西部。玉龙雪山为云岭山脉中最高的一列山地，由13座山峰组成，海拔均在5000米以上，南北长35千米，东西宽约20千米，群峰南北纵列，山顶终年积雪，山腰常有云雾，远远望去，宛如一条玉龙腾空，玉龙雪山因而得名。玉龙雪山景区包括整个玉龙雪山及其东侧的部分区域，以高山冰雪风光、高原草甸风光、原始森林风光、雪山水域风光使世人惊叹。

玉龙雪山是世界上北半球纬度最低的一座有现代冰川分布的极高山（极高山，是指海拔5000米以上，相对高度大于1500米，有着永久雪线和雪峰的大山），在地质历史上曾有近4亿年的时间为海洋环境。直到1亿多年前的中生代三叠纪晚期，发生了印支运动，玉龙雪山

玉龙雪山

地区才从海底升起。又经过多年地壳运动，到了距今60万～70万年的中更新世早期，才形成高山、深谷、草甸相间的地貌形态。加上全球性气候多

次明显变冷，从而发生了多次冰期。冰期时，巨大的冰川从玉龙山上远远地伸向山麓和山谷，从而留下了大量的冰川侵蚀地形与不同时期的各种冰川堆积物。玉龙雪山地质史上又经受过丽江冰期和大理冰期的直接影响，古冰川遗迹甚多，在冰川学上有特殊意义。

玉龙雪山主峰扇子陡，在一马平川的丽江坝子北端拔地而起，山脊呈扇面展开，像一尊身着银盔玉甲、容貌英武刚强的勇士昂首云天。它与丽江古城仅隔 15 千米，高差却达 3200 米。山上万年冰封，山腰森林密布，山下四季如春，构成世界上稀有的"阳春白雪"景观。由于主峰山势陡峻，雄伟异常，迄今仍是无人登顶的"处女峰"。在扇子陡海拔 4500 米以上的山间，分布着 19 条冰川，还有冰塔林和"绿雪奇观"。冰川类型为悬崖冰川和冰斗冰川。冰斗之间的角峰和梳状刃脊，似一把把利剑插向云端，这些由玄武岩组成的高峰，被切蚀成巨大的金字塔状，无比雄壮。

玉龙雪山东麓，从南到北依次分布着干海子、云杉坪、牦牛坪等高山草甸，因海拔差异，加上周围森林花卉的映衬，形成了多姿多彩的牧场风光。干海子长 4000 米左右，宽约 1500 米，海拔 2900 米。干海子原为高山冰蚀湖泊，后来积水减少以至干涸，于是人称"干海子"。这里空间开阔，松林密布，草地如茵，是观赏玉龙雪山主峰的最佳位置。这里还残存大片冰碛石，为研究古代海洋沉积提供了便利条件。云杉坪是玉龙雪山东面的一块林间草地，约 500 平方千米，海拔 3000 米左右。云杉坪郁郁葱葱，在其周围的密林中，树木参天，枯枝倒挂，长满青苔。

玉龙雪山东麓每当冰雪消融，一股股水流便沿崖壁飞泻，像一匹匹白练飘落山涧。由于河床底石呈黑白两色，形成"白水"、"黑水"两条激流，穿林而过，轰然有声。白水河在干海子至云杉坪之间，因河床、台地都由沉积岩类的石灰石碎块组成，呈灰白色，清泉从石上流过，亦呈白色，于是人称"白水河"。它与北边相距 4000 米的黑水河走向大体一致，但地质构造却迥然不同。黑水河的河床多属岩浆岩类的玄武岩，呈青黑色。两河长流清泉，是现代冰川的融化潜流形成的。河谷两岸，植被繁茂，在雪山的映衬下，更加苍翠秀美。

玉龙雪山从山脚河谷到峰顶具有中亚热带、温带至寒带的垂直带自然景观。尤其东坡地势相对平缓，植物带状分布特别明显：海拔 2400～2900 米为半湿润常绿阔叶林、云南松林带；海拔 2700～3200 米为硬叶常绿阔叶林带；海拔 3100～4200 米为亚高山寒温性针叶林带，云杉、红杉、冷杉分布明显；海拔 3700～4300 米为高山杜鹃灌木丛草甸带；海拔 4300～5000 米为高山荒漠植物带，在石缝中零星生长着雪莲花、绿绒蒿等植物；海拔 5000 米以上为无植物生长的山顶现代冰川积雪带。这种完整的山地垂直带系列是一般地区所不具备的，在科学研究上具有重要价值。

在玉龙雪山的原始森林群落中，有丽江铁杉、长苞冷杉、云南榧木、红豆杉等 20 余种国家保护的珍稀濒危植物。林中拥有杜鹃花 50 多种、报春花 60 多种、兰花 70 多种，是云南省著名的园艺类观赏植物的主要产地。

云 豹

山中还有天麻、乌头、虫草、贝母、三尖杉等 800 多种药材。有滇金丝猴、云豹、藏马鸡等 59 种珍稀动物。蝴蝶种类珍奇繁多，既有古北区和东洋区的蝴蝶资源，也有高山珍奇蝶类。

梅里雪山

梅里雪山位于我国云南省德钦县东 10 千米处，这里平均海拔在 6000 米以上的山峰就有 13 座，最高的是卡瓦格博峰，海拔 6740 米，为云南省的第一高峰。卡瓦格博峰藏语为"雪山之神"，是藏传佛教的朝觐圣地，传说是宁玛派分支伽居巴的保护神，位居藏区的八大神山之首。所以每年的秋末冬初，西藏、青海、四川、甘肃的大批香客不惜千里迢迢赶来朝拜，匍匐登山的场面令人叹为观止。

梅里雪山属于横断山脉，位于云南迪庆藏族自治州德饮县和西藏察隅县交界处，距离昆明849千米。梅里雪山属于怒山山脉中段，处于世界闻名的金沙江、澜沧江、怒江"三江并流"地区，它逶迤北来，连绵十三峰，座座晶莹，峰峰壮丽。在这一地区有强烈的上升气流与南下的大陆冷空气相

卡瓦格博峰

遇，变化成浓雾和大雪，并由此形成世界上罕见的低纬度、高海拔、季风性海洋性现代冰川。雨季时，冰川向山下延伸，冰舌直探2600米处的森林；旱季时，冰川消融强烈，又缩回到4000米以上的山腰。由于降水量大、温度高，就使得该地冰川的运动速度远远超过一般海洋性冰川。剧烈的冰川运动，更加剧了对山体的切割，造就了令所有登山家闻之色变的悬冰川、暗冰缝、冰崩和雪崩。

由于垂直气候明显，梅里雪山的气候变幻无常，雪雨阴晴全在瞬息之间。梅里雪山既有高原的壮丽，又有江南的秀美。蓝天之下，洁白雄壮的雪山和湛蓝柔美的湖泊，莽莽苍苍的林海和广袤无垠的草原，无论在感觉上和色彩上，都给人带来强烈的冲击。

这里植被茂密，物种丰富。在植被区划上，属于青藏高原高寒植被类型，在有限的区域内，呈现出多个由热带向北寒带过渡的植物分布带谱。海拔2000~4000米左右，主要是由各种云杉林构成的森林，森林的旁边，有着延绵的高原草甸。夏季的草甸上，无数叫不出名的野花和满山的杜鹃、格桑花争奇斗艳，竞相怒放，犹如一块被打翻了的调色板，在由森林、草原构成的巨大绿色地毯上，留下大片的姹紫嫣红。

从德钦县沿滇藏公路北上，东行至10千米处的飞来寺，但见澜沧江对岸数百里冰峰接踵，雪峦绵亘，势如刀劈錾斫，气势非凡。这便是闻名遐

迩的云南第一峰——卡瓦格博峰。

卡瓦格博峰是藏传佛教的朝拜圣地，位居藏区八大神山之首，故在当地有"巴何洛登地"的称号。卡瓦格博，藏语意为"白似雪山"之意，俗称"雪山之神"。传说是九头十八臂的煞神，后被莲花生教化，受居士戒、改邪归正，从此皈依佛门，做了千佛之子格萨尔王麾下一员剽悍的神将，从此统领边境、福荫雪域。卡瓦格博的像常被供奉在神坛之上。他身骑白马，手持长剑，雄姿英发，这与雪山之神的高峻挺拔、英武粗犷的外貌特征是极其相似的。在西藏地区甚至有这样的传说：如果今生有幸登上布达拉宫便可在东南方向的五彩云层中看到卡瓦格博的身影。

梅里雪山诸多海拔在 6000 米以上终年积雪的雪峰下蜿蜒着一条条冰川，其中最壮观的冰川是明永恰冰川。这条冰川是因它之下的村寨而得名的。明永恰的冰川下有村名叫"明永"，意为火盆的村寨，因该村处于热河谷地带，气候较为温暖，故名。"恰"在藏语中指冰川，明永恰，即明永冰川。还有一种解释"明永"意为明镜，传说明永恰冰川是卡瓦格博这位护法将军的护心镜。

明永恰冰川从海拔 6740 米的卡瓦格博峰一直铺展到海拔 2660 米的森林中，绵延 12 千米，平均宽度为 500 米，总面积约为 6 平方千米，年融水量 2.3 亿立方米。冰川冬季下延，夏季退缩，延伸幅度大，消长的速度快，是世界上稀有的低海拔冰川。

登临冰川，你会感到景致光怪陆离，看到的有飞架的冰桥以及冰洞的碧绿晶莹，纤细的冰芽、冰笋、千姿百态的冰的世界令人感到趣味无穷。

明永恰冰川

珠穆朗玛峰

珠穆朗玛峰位于西藏与尼泊尔王国交界处的喜马拉雅山脉中段，海拔8844.43 米，有地球"第三极"之誉。"珠穆朗玛"是佛经中女神名字的藏语音译。山体呈金字塔状，山上有冰川，最长的冰川达 26 千米。山峰上部终年为冰雪覆盖，地形陡峭高峻，是世界登山运动员所瞩目和向往的地方。

珠穆朗玛峰是典型的断块上升山峰。在其前寒武纪变质岩系基底和上覆沉积岩系间为冲掩断层带，早古生代地层即顺此带自北往南推覆于元古代地层上。峰体上部为奥陶纪早期或寒武——

珠穆朗玛峰

奥陶纪的钙质岩系（峰顶为灰色结晶石灰岩）；下部为寒武纪的泥质岩系（如千枚岩、夹片岩等），并有花岗岩体、混合岩脉的侵入。始新世中期结束至海侵以来，珠穆朗玛峰不断上升，上新世晚期至今约上升了 3000 米。由于印度板块和亚洲板块以每年 5.08 厘米的速度互相挤压，致使整个喜马拉雅山脉仍在不断上升中。珠穆朗玛峰每年也增高约 1.27 厘米。

珠穆朗玛峰周围辐射状展布有许多条规模巨大的山谷冰川，长度在 10千米以上的有 18 条。其中以北坡的中绒布、西绒布和东绒布三大冰川与它们的 30 多条中小型冰川组成的冰川群为主。珠穆朗玛峰周围 5000 平方千米范围内的冰川覆盖面积约 1600 平方千米。在许多大冰川的冰舌区还普遍出现冰塔林。古冰斗、冰川槽形谷地、冰川或冰水侵蚀堆积平台、侧碛和终碛垄等古冰川活动遗迹也屡见不鲜。因寒冻风化强烈，峰顶岩石嶙峋，角峰与刃脊高耸危立，遍布着岩屑坡或石海。土壤表层反复融冻形成石环、石栏等特殊的冰缘地貌现象。

珠穆朗玛峰山体呈巨型金字塔状，威武雄壮昂首天外。珠峰地形极端险峻，环境异常复杂。北坡雪线高度为 5800～6200 米，南坡为 5500～6100 米。东北山脊、东南山脊和西山山脊中间夹着三大陡壁（北壁、东壁和西南壁），在这些山脊和峭壁之间又分布着 548 条大陆型冰川，总面积达 1457.07

雪 豹

平方千米，平均厚度达 7260 米。冰川的补给主要靠印度洋季风带两大降水带积雪变质形成。冰川上有千姿百态、瑰丽罕见的冰塔林，又有高达数十米的冰陡崖和步步陷阱的明暗冰裂隙，还有险象环生的冰崩雪崩区。

珠峰不仅巍峨宏大，而且气势磅礴。在它周围 20 千米的范围内，群峰林立，山峦叠嶂。仅海拔 7000 米以上的高峰就有 40 多座，较著名的有南面 3000 米处的洛子峰（海拔 8516 米，世界第四高峰）和海拔 7589 米的卓穷峰，东南面是马卡鲁峰（海拔 8463 米，世界第五高峰），北面 3000 米是海拔 7543 米的章子峰，西面是海拔 7855 米的努子峰和海拔 7145 米的普莫里峰。在这些巨峰的外围，还有一些世界一流的高峰遥遥相望：东南方向有世界第三高峰干城嘉峰（海拔 8585 米，是尼泊尔和锡金的界峰）；西面有海拔 7998 米的格重康峰、8201 米的卓奥友峰和 8012 米的希夏邦马峰。所有这些高峰形成了群峰来朝，峰头汹涌的波澜壮阔的场面。

珠峰保护区包含着世界最高峰——珠穆朗玛峰和其他 4 座海拔 8000 米以上的山峰。整个保护区划分为核心保护区、缓冲区和开发区 3 个类型。保护区地势北高南低，地形地貌复杂多样。区内生态系统类型多样，生物资源丰富，基本保持原貌。珍稀濒危物种、新物种及特有物种较多。初步调查共有高等植物 2348 种，哺乳动物 53 种，鸟类 206 种，两栖动物 8 种，鱼类 10 种。其中含有代表该地域特色的国家重点保护的珍稀濒危动植物 47

种，包括国家一级保护动植物 10 种，二级保护动植物 28 种。如雪豹、藏野驴、长尾叶猴等都是国家重点保护的动物，其中雪豹被确定为保护区的标志性动物。

圣诞老人之家——拉普兰

北极圈以北还有土地吗？那儿会是什么样子呢？传说每年圣诞老人就是从那里坐着雪橇腾空出发，为全世界的孩子送去圣诞礼物。这里似乎只该是一个属于童话里的世界。但你若亲自体验一下寻访圣诞老人之旅，你会惊奇地发现，原来圣诞老人的故乡真的存在，北极圈以北，果然有这么一片梦幻般的土地，白雪皑皑，冰清玉洁，到处都是圣诞老人的影子。

这里就是芬兰的拉普兰地区，号称"欧洲最后一块

拉普兰

原始保留区"。只要你经历过拉普兰的冬天，就会明白圣诞老人为什么会选择这个极北之地定居。在拉普兰看不到现代的工业污染，没有一丝尘埃，所到之处全部都是广袤的森林、冰冻的湖泊和港湾，纯净的旷野，北极光悬挂天幕，闪着炫目而神秘的光芒，一切就像童话故事，美丽安详。只有这样的地方，才能配得上圣诞老人。圣诞老人的家就在北极圈穿越而过的圣诞老人村，在那里，随时可以沿着橇的痕迹去圣诞老人家歇歇脚，和绝对正版的圣诞老人零距离接触，讨教一下他快乐的秘诀。圣诞乐园是一座四季开放的主题公园，其永恒的主题就是弥漫的圣诞浓情。爱玩的人们无论如何也不能错过。

北极还设有专门的邮局，在北极邮局给朋友寄一张盖着极地邮戳的明信片，绝对令他大吃一惊。和圣诞老人有关的纪念品比比皆是，各种木制

工艺品造型独特，惹人喜爱。驯鹿是这片土地上最具代表性的动物，它们挺着华丽的鹿角，高傲地仰头而立。

瓦特纳冰川

瓦特纳冰川在冰岛东南部，排名世界第三，是欧洲最大的冰川。冰川面积约8400平方千米，相当于该国面积的1/12，仅次于南极冰川和格陵兰冰川。冰川海拔约1500米，冰层平均厚度超过900米，部分冰层的厚度超过了1000米。瓦特纳冰川是冰岛最大的冰冠，令人感到奇特的是在冰中分布着熔岩流、火山口和热湖。所以，人们通常称冰岛为"冰与火之地"。

在冰岛的巨大冰原瓦特纳冰川上，冰块之多几乎相当于整个欧洲其他冰川的总和。它覆盖的面积差不多等于英国威尔士的1/2。其平滑的冠部更伸展出许多条大冰舌。冰雪从荒漠中升起，穿过山区，形成一大片白色平原，厚达900米以上，以致寸草不生。

瓦特纳冰川的东南两端各有布雷达梅尔克冰川和斯凯达拉尔冰川。东端的布雷达梅尔克冰川有蜿

瓦特纳冰川

蜒曲折的条状岩石，还有从高地山谷冲刮下来的泥土。冰川的末端是个潟湖。偶尔巨大而坚硬的厚冰块从冰川分裂出来，水花四溅发出巨响，形成了一座座冰川，漂浮在潟湖上。在这两条冰川之间有一个小冰冠，名为厄赖法冰川，覆盖着与冰川同名的火山。

厄赖法火山的高度在欧洲排名第三，它曾在14世纪和18世纪时先后有过2次毁灭性的爆发。瓦特纳冰川永不静止的特性是冰岛的典型风光。目

前，瓦特纳冰川仍以每年800米的速度流转入较温暖的山谷中。当它在崎岖的岩床上滚动时，会裂开而形成冰隙。冰块在抵达低地时逐渐融化消失，留下由山上刮削下来的岩石和沙砾。

瓦特纳冰川下藏着的格里姆火山是该冰川底下最大的火山。火山的周期性爆发融化了周围的冰层，冰水形成湖泊。湖水不时地突破冰壁，引起洪灾。格里姆火山口内的热湖深488米。湖泊被200米厚的冰所覆盖，但来自底下的热量使部分冰融化了。冰变成水后便占据了更大的空间。在格里姆火山口，不断增大的水量最终会冲破冰层。这种猛烈的喷涌使水流带走了其路径中的一切，包括高达20米的冰块。20世纪以来，格里姆火山每隔5～10年即爆发一次。火山喷发的火焰与冰川移动的冰块构成瓦特纳冰川变幻莫测的气氛。

北极熊

瓦格纳有一种让人既爱又怕的动物，那就北极熊。北极熊生活在包括冰岛在内的整个北极地区。北极熊以捕食海豹为生，特别是环斑海豹。紧靠着海洋，有一块块断裂开来的浮冰和来这里繁衍的海豹。北极熊常趴在冰面上海豹的通气孔旁边等着，或是当海豹爬上冰面休息时就蹑手蹑脚地扑过去。

北极熊为了觅食而长途跋涉，路程长达70千米，它们每天都找寻食物。当冬天海水结冰，浮冰面积扩大时它们会向南迁徙，夏天再回到北边。初冬时分，雌熊便不再四处游荡，它会在雪地上挖一个洞，在洞里产下2～3只熊仔。熊妈妈乳汁中脂肪的含量很高，靠着这么丰富的营养，熊仔会迅速长大，并能保持体温。在3月或4月时，它们便从积雪的家中出来，此后再跟母亲一起呆上两年。

北极熊很适应寒冷地区的生活。它们那白色的皮毛与冰雪同色，便于伪装，而且又厚又防水。皮下的脂肪层可以保暖，除了鼻子、脚板和小爪垫，北极熊身体的每一部分都覆盖着皮毛。多毛的脚掌有助于在冰上行走时增加摩擦力而不滑倒。

 ## 西伯利亚冻原

西伯利亚冻原是一片广阔的大平原，湖泊和沼泽星罗棋布，大部分地区长满了苔藓。这片冻原位于西伯利亚北部，沿北极冰盖边缘延绵 32004 米，属于欧亚大陆最北部泰米尔半岛的典型景色。

20 世纪 80 年代的一个夏天，作家和动物学家杰拉尔德与德罗尔游历了泰米尔半岛。他们记述，那里的冻土上长满着苔藓和草本植物，苔草之间夹杂着雏菊似的小花和毋忘草般细小的百合蓝色的花。遍地都有矮柳丛，在翠绿色的苔藓中茁壮地开放着粉红的花。

每年有 3 个月太阳不落，即使在仲夏，气温也只有 5 摄氏度左右。冬季则有一段时间全是漫漫长夜，不过比夏季太阳不落的时间短。这时只能看到月光，偶尔还可见到极光。冬季的气温可降至零下 44 摄氏度。因而留给植物开花和结果的时间很少。这里的植物大多是多年生的，为了免遭冷风袭击，长得很矮小，生长也缓慢。

冻原的大部分下层土都是永久土，最厚的冻土层深达 1300 多米。冬季，所有土壤都变成硬的冻土；夏季，最上层的土壤化成薄薄的湿土，使植物能在此扎根、生长。在最北面，湿土层只有 150～300 厘米厚，但是越往南，湿土层越厚，最厚可达 3 米，即使是桦树和落叶松等植物也难茂盛生长。米尔半岛有许多地方是龟裂冻原，是一种由垄埂把沼泽和小湖割成不规则蜂窝状的特殊地貌。是由于冰冻和解冻不断循环造成地面开裂形成的。在裂缝中逐渐形成的冰楔产生强大压力，使地面凸起成垄，而解冻的泥土和融化的冰则随之沿坡而下聚成湖沼。

在冻原上，有时可以发现早已绝种的长毛猛犸的骨骼和长牙。几个世纪来，西伯利亚人从冻土中挖出猛犸的长牙卖给象牙商。

肩高 4000 米的猛犸曾活跃在欧亚大陆北部和北美洲，其牙长达 1 米多，约在 12000 年前灭绝。不少猛犸的遗骸，包括完整的猛犸尸体保存在永久冻土中，主要在西伯利亚。"猛犸"一词源于西利亚的鞑靼语，意思是"土"。一具几乎完整无损的猛犸尸体是 1799 年由一名找象牙者在利纳半岛发现的。1803 年完全挖掘出来，交给科学家进行研究。

贝兰加高原是泰米尔半岛的脊梁，高约 1500 米。在高原的南缘，是泰米尔湖。

猛犸化石

这是北极最大湖泊，但深度只有 3 米左右。春季，湖里注满融水，夏季有 3/4 的水流入河流，冬天全部冻结。旅鼠则在苔藓下面打洞穴居，它们是北极狐和雪枭的主要食物。湖岸是麝牛和驯鹿的栖息地。狼也在此出没，主要捕食驯鹿和麝牛。

许多动物入冬就向南迁徙到较为温暖的地方，鸟类亦然。夏季，湖泊和小岛成了红胸雁等水鸟筑巢产卵的理想场所。在西伯利亚西部，沼泽洼地一直从鄂毕河延伸到乌拉尔山脉。稀有的西伯利亚鹤就在鄂毕河下游度过夏天。

罗斯冰架

试过在木筏上顺水漂流的感觉吗？随性所至，悠闲地欣赏沿岸的景色，色彩缤纷的两岸令人目不暇接。可是，如果目之所及均为冷峻的白色，你又会作何感想呢？白色，圣洁、纯净的颜色。冷峻的白，更带给人一种冷静的感觉。晶莹剔透的白色横贯了整个大陆，冰雪世界的风光尽收眼底，琉璃般透明的大地，沁人心脾的丝丝凉气环绕，身在其中，仿佛置身仙境，人们梦想中的天堂也不过如此。

罗斯冰架——被称作人间胜境的地方，是一个巨大的类似三角形形状的冰筏，靠近太平洋和新西兰，位于罗斯海的后部，地处南极洲海岸的一个海湾，充塞其中，填补了海湾空虚的处境，东西长 600 多千米，平均高度三四十米，从罗斯海东岸一直延伸到罗斯海的西岸。它向内陆方向纵深约970 千米，宽约 800 千米，是南极洲最大的一整块浮冰的平原，面积约有 50 万平方千米，与欧洲国家，法国的领土面积不相上下。

罗斯冰架

1841 年，一支英国海军探险队乘坐两艘特别加固的三桅木船，穿过通往南极洲的太平洋看冰区，企图确定地球南磁极的位置。他们一行人在寒冷的坚冰中行进，4 天后，他们驶出浮冰区，一心希望前面的航道畅通无阻，不料，迎面遇见一堵硕大的冰壁挡住了去路，沿着冰崖的底部走去，连续不断的悬崖线与海岸线呼应，绵延不绝，望不到边际。厚厚的冰层仿佛铜墙铁壁横亘在人眼前，冰的厚度在 185～760 米之间。它高大、陡峭、外露着类似刀切后的横断面，竖立着直插入海中，相对于海平面的水平高度而异军突起，在碧海蓝天的掩映下更加引人注目。光滑的墙体上不着一物，触摸着如丝般顺滑，冰冷的感觉深入骨髓，没有任何的攀着物，每一个想翻越它的人均会徒劳无功。探险队长詹姆斯·克拉克·罗斯爵士惊呼道："要穿越这道冰壁犹如穿越多弗尔悬崖，绝无可能！"这座挡住他去路的南极巨大冰架，后来就以他的姓氏命名，罗斯冰架也因此为世人所知。

罗斯冰架的形成过程很有特色。南极洲的中心地带由常年不化的冰雪覆盖，像盖子一样遮蔽了广袤的南极洲大陆。大陆的边缘地带为冰雪的消融区，也许是地心引力的吸引，或者其他因素，大陆中央的冰雪几乎不受各处地形的影响，均由中心向四周扩散流动。而边缘部分的冰雪则自陆地向海洋伸展，像一座高架桥连接了大陆和海洋，这部分漂浮在海上的冰体通常被称作冰架。构成罗斯冰架的冰层达两三百米厚，罗斯

冰架的后半部直接与海底的地面亲密接触，它的前半部则漂浮在罗斯海上，不停地向前缓慢移动着，而在适当的时机，冰架冰则会断裂，脱离稳定的大后方，漂流于寒冷彻骨的海水上，形成一座座彼此孤立而又遥相呼应的冰山。南极海面上漂浮的大部分平顶的桌状冰山，就是这种冰架破裂后形成的。据科学家们的观测，一座面积相当于意大利西西里岛一半的冰山曾脱离罗斯冰架，由于冰山分离，罗斯冰架的边缘向南推进了约 40 千米。此次断裂带给罗斯冰架的损失需要上百年的冰雪积累才能补偿。冰架崩裂形成冰山可能是受全球气温上升的影响。罗斯冰架像一艘由重重冰层累积厚实的巨大冰筏，正以每天 1.5 ~ 3 米的速度被推进入海。不断有大块的冰从冰架中脱离，形成悬浮状的冰山游荡开去。冰架的初步形态即冰山，而其最终的归宿却是承载和推动冰山运动的底层海水。冰雪消融，形成了冰水一体共存的局面。也许有一天，它将完全消失在海中，直至不再能被人们看到。

壮观的奇洞秘谷

 长江三峡

三峡是万里长江中一段壮丽的大峡谷，为中国十大风景名胜之一。它西起重庆市奉节的白帝城，东至湖北省宜昌的南津关，由瞿塘峡、巫峡、西陵峡组成，全长192千米。它是长江风光的精华，神州山水中的瑰宝。古往今来，闪耀着迷人的光彩。自古以来，人们传颂：西陵峡滩多险峻；巫峡幽深秀丽；瞿塘峡雄伟壮观。寥寥数语，概括描写了三峡的景色。

三峡有峡谷与宽谷之分，这和峡江经过地区的岩性有关。峡谷多在石灰岩地区，其地岩层质地坚硬，抗蚀力较强，因而河流对两岸的侵蚀能力较弱，但垂直裂隙（指在岩层中由于地质作用而产生的裂缝）比较发育，河流便趁隙而入，集中力量向底部侵蚀。随着河床逐渐加深，两岸坡谷的岩层失去了平衡，就会沿着垂直裂隙崩落江中，形成悬崖峭壁。而当河流流经比较松软、抗蚀力也较差的砂岩和页岩等地区时，河流向两旁的侵蚀作用加强，便形成了宽谷。

瞿塘峡西起白帝城，东到大溪镇。峡长虽然只有8000米，顺流而下，瞬间即过，但却有"西控巴渝收万壑，东边荆楚压群山"的雄伟气势。两岸悬崖绝壁，群峰对峙，赤甲山巍巍江北，白盐山耸立南岸，山势岌岌欲坠，峰峦几乎相接。每当晴空丽日，远眺赤甲、白盐，一如仙桃凌空，一如盐堆万仞，两山云游雾绕，时隐时现，乃为瞿塘一奇观。峡中江面最宽处一二百米，最窄处不过几十米。入峡处两山陡峭，绝壁相对，犹如雄伟的两扇大门，镇一江怒水，控川鄂咽喉，形势非常险要。正如唐代诗人杜甫所描写的那样："众水会涪万，瞿塘争一门"，故有"夔门天下雄"之赞。

瞿塘峡

若经过瞿塘峡，仰望千丈峰峦，只见云天一线，奇峰异石，千姿百态。俯视峡江，惊涛雷鸣，一泻千里，犹如万马奔腾，势不可挡。

从瞿塘峡经过一段山舒水缓的宽谷地带，便进入了奇峰延绵、峭壁夹岸、美如画廊的巫峡。巫峡因巫山得名，西起巫山县的大宁河口，东至湖北省巴东县的官渡口，全长45千米，整个峡谷奇峰削壁，群峦叠嶂。船行其间，忽而大山当前，似乎江流受阻；忽而峰回路转，又是一水相通。咆哮的江流，不断变换着方向，忽左忽右，七弯八绕，令人目不暇接。

幽深秀丽的巫峡，处处有景，景景相连，最为壮观的则是著名的巫山十二峰。这些山峰神态各异，有的若龙腾霄汉，有的似凤凰展翅，有的青翠如屏，有的彩云缠绕，有的常有飞鸟栖息于苍松之间。而其中神女峰则最令人神往。还有与巫峡相连的大宁河、香溪、神农溪，青山绿水，风景别致，充满山野情趣。

"十丈悬流万堆雪"的西陵峡，西起秭归县的香溪河口，东至宜昌市的南津关，全长76千米。这里峡中有峡，大峡套小峡；滩中有滩，大滩含小滩，滩多流急，以险著称。"西陵滩如竹节稠，滩滩都是鬼见愁。"昔日西陵有三大险滩，青滩、泄滩、崆岭滩。滩险处，漩洞流急，只有空船才能过去。一首民谣中唱道："脚踏石头手扒沙，当牛做马把船拉，一步一鞭一把泪，恨得要把天地咂。"

今日，航道上的险滩经过整治，如今航船已日夜畅通无阻了。峡内从西向东依次有兵书宝剑峡、牛肝马肺峡、灯影峡、黄牛峡等。灯影峡一带，不仅有掩映的飞瀑，还有奇特的石灰岩洞、神奇的传说故事，为西陵陕增添了奇妙的色彩。

虎跳峡

虎跳峡位于云南省中甸东南部，距中甸县城105千米。发源自青海格拉丹东雪山的金沙江江水被玉龙雪山、哈巴雪山所挟持，劈出了一个世界上最深、最窄、最险的大峡谷——虎跳峡。虎跳峡长18千米，落差200米左右，分上虎跳、中虎跳、下虎跳三段，共18处险滩。虎跳峡是世界著名大峡谷，以奇、险、雄、壮著称于世，两岸峭壁连天，像一扇敞开的巨形石门。

上虎跳，是整个峡谷中最窄的一段。沿峡谷而行，越接近上虎跳峡谷越窄，江水的轰鸣声也越大。江面从一百多米宽一下子收缩到三十余米，顺畅的江面顿时变得拥挤不堪，江水冲击在江心如犬牙般参差的礁石上，卷起数米高的巨浪。江心中有一个13米高的巨石——虎跳石，如砥柱般直卧中流，把激流劈为两股。江水猛烈冲击巨石，激起排空浪花。雨季时，江水浑浊如黄河水，水量巨大，虎跳石就会被完全淹没于波涛汹涌之中。

虎跳峡

从上虎跳至中虎跳，江水落差近100米，暗礁密布，石乱水急，江水狂奔怒放，犹如一条狂暴翻腾的怒龙。从哈巴雪山的山坡上泻下汇集的雨水，形成一道道携泥裹沙的小瀑布，一直汇入金沙江。中虎跳在雨季时有塌方的危险。巨石堆堆横亘，有的地段甚至塌下了半个山头。山坡上常有碎石滚落，并带起腾腾烟尘，直坠江中。

中虎跳最有特点的景致是满天星和一线天。江水在这段峡中下跌了近百米，险滩上乱礁散布，激流在礁石间反复跳跃，如星石陨落江中，当地人称之为满天星。穿行于峡谷腹地，两侧雪山都是最高的主峰段，在这里回望两头峡口，可见高峰深谷随江流弯曲把蓝天切成一线，令人有一种走至天边的感觉，这就是一线天。中虎跳之壮观比上虎跳有过之而无不及，江水滚滚而至，浊浪滔天，水花翻飞，雾气空，气势如金戈铁马，急泻如万兽狂奔。

下虎跳地势宽阔，近可看峡，远可观山。驻足于此，回眺玉龙、哈巴，只见峰巅皑皑白雪，堆银砌玉。下虎跳以"江水扑崖，倒流急转"为特色，有倒角滩、下虎跳石、上下簸箕等大滩。其中倒角滩长约2.5千米，落差35米，大小跌水20余处，峡谷多呈"之"字形急转弯，使江水直扑岸壁，掀起惊涛骇浪，倒流回来又急转直下，如脱缰野马狂哮远去。

下虎跳不远的崎岖山路上有一片平直、光滑的方形石板，这便是虎跳峡有名的险路"滑石板"。该石板宽约300余米，呈85°角从峡底伸到哈巴山腰，石面平整光滑，寸草不生。行人稍一失足，即会滑到江心。过去人们视此路为鬼门关。

 ## 乐 业 天 坑

1998年，我国在广西壮族自治区百色地区乐业县发现一处世界罕见的地质奇观——喀斯特漏斗群，经全面的考察后确定，这里是世界已发现的最大的天坑群。由20多个天坑组成，其中最大最深的天坑叫大石围天坑，位于广西乐业县的同乐镇刷把村百岩脚屯。这种垂直深陷、呈竖井状的地质奇观，在国际上被命名为喀斯特漏斗。在我国北京房山，贵州都匀、罗甸，四川的兴文和重庆的奉节和南川等地均有发现，俗称为"天坑"。

令人惊叹的是，以乐业大石围为中心，人们又在周沿发现了白洞、罗家、苏家、甲蒙、冒气洞、黄猿洞、风岩、燕子、穿洞等20多个大型天坑。洞穴专家认为："这是世界等级的自然景观！"

初步探测表明，乐业的"天坑群"几乎囊括了各种类型的"天坑"，堪称"天坑博物馆"。这些"天坑"在世界喀斯特大型漏斗的排名中其深度、容积均位居世界前茅，而如此大规模地集中排列成群，在世界上独一无二。其中大石围的地下原始森林面积为世界第一。

乐业天坑

在我国一些古籍中，多次提到深奥莫测的"大壑"。《山海经大荒东经》记载："东海之外有大壑。"《列子汤问》："渤海之东，不知几亿万里，有大壑焉，实唯无底之谷，其下无底，名曰归墟。八坡九野之水，无汉之流，莫不注之，而无增无减焉。"乐业的"天坑"群，十分吻合古人这种丰富的想像。

乐业天坑四周被刀削似的绝壁所围。形成一个巨大的竖井。天坑的底部则是一片人类从没有涉足过的极为罕见的原始森林，面积达几十平方千米，森林里有溶洞群、地下河流相通。从空中俯视天坑，虽大小不同，但个个壮观异常。尤其大石围天坑。天坑四周绝壁如削，坑内云蒸霞蔚，浓荫遮盖，深不见底。天坑的准确数据：深度 613 米。坑口长为东西走向 600 米，宽为南北走向 420 米，容积约为 0.8 亿立方米。高度、容积居世界第二位。目前，世界上已发现的最大最深的溶洞在法国的阿尔卑斯山附近，洞深达 1700 多米。迄今为止全球已经在俄罗斯、澳大利亚、巴布亚新几内亚发现类似的天坑。近年来重庆南川地区也发现了 3 个深约 300 米的天坑。而乐业天坑之多之深却是科学待解之谜。

在天坑底部地下暗河中捕捉到的多种甲壳类不明生物体。目前已有两种被中科院的科学家们确定为新物种。其一应属中华溪蟹类中的一个新物种；另一种属于幽灵蛛科中的一个新物种。对其他十余种不明生物体的考证正在紧张进行之中。其中不少生物体从目前初步分析情况看，也很有可

能是人们此前不曾发现的新物种。这些新物种的被确定，使科学家们兴奋不已，这证明乐业天坑群是个广泛分布有特殊生物群落的地区。

关于乐业天坑成群分布的原因，专家推断，这与乐业县特殊的地质构造有关。地质资料表明，乐业县的地层呈"S"形旋扭构造，天坑分布的地区正处于这个旋扭构造的中部，即连接两个弧形中转的部位。这个地区在地壳震荡时发生的张力最大，形成拉张裂隙，像切豆腐一样把岩石切成纵向的块状结构，在水蚀的作用下，这些裂隙部位不断发生垮塌，形成天坑。这一推断解释了与乐业邻近的具有同样地质条件的凌云、田阳、西林等县没有出现天坑的原因。

雅鲁藏布大峡谷

雅鲁藏布江大峡谷位于"世界屋脊"青藏高原之上，平均海拔3000米以上，险峻幽深，侵蚀下切达5382米，具有从高山冰雪带到低河谷热带季风雨林等九个垂直自然带，是世界山地垂直自然带最齐全、最完整的地方。雅鲁藏布江大峡谷的基本特点可以用十个字来概括：高、壮、深、润、幽、长、险、低、奇、秀。

雅鲁藏布江大峡谷地区及其周边地区，地质上归属东喜马拉雅构造结，与西喜马拉雅构造结相对应，是印度大陆楔入欧亚大陆最强烈的部位。大峡谷地处强烈的地壳活动中心，是适应构造发育的构造弯、构造谷。大峡谷所在地区正是印度板块向欧亚板块俯冲碰撞的中心地带，东侧又受到太平洋板块的抵挡，因此大峡谷随构造转折而拐弯。目前已在大峡谷中发现多处来自地壳深处的基性、超基性岩体，证明板块缝合线构造的确存在。地质资料显示，大峡谷内侧的南迦巴瓦峰裸露的中深度变质岩系，经铷锶等时线法测定，其绝对年龄值为7.49亿年，这是迄今为止所测得的我国喜马拉雅山一侧地层的最老年龄值，相当于前寒武纪，与古老的印度台地地质年龄值相仿，它表明地质上这里是古老印度板块北伸的一部分。

雅鲁藏布江大峡谷两侧，壁立高耸着南迦巴瓦峰（海拔7782米）和加拉白垒峰（海拔7234米）。其山峰皆为强烈的上升断块，巍峨挺拔，直入云端。峰岭上冰川悬垂，云雾缭绕，气象万千。从空中或从西兴拉等山口鸟瞰大峡谷，在东喜马拉雅山无数雪峰和碧绿的群山之中，雅鲁藏布江硬是切出一条陡峭的峡谷，穿越高山屏障，围绕南迦巴瓦峰形成奇特的大拐弯，南泻注入印度洋，其壮丽奇特无与伦比。在南迦巴

雅鲁藏布大峡谷

瓦峰与加拉白垒峰间的雅鲁藏布江大峡谷最深处达 5382 米，围绕南迦巴瓦峰核心河段，平均深度也约有 5000 米，其深度远远超过深 2000 多米的科罗拉多大峡谷、深 3200 米的科尔卡大峡谷和深 4403 米的喀利根德格大峡谷。

雅鲁藏布江大峡谷林木茂盛。由于地势险峻、交通不便、人烟稀少，而且许多河段根本没有人烟，加上大峡谷云遮雾罩、神秘莫测，所以环境特别幽静。雅鲁藏布江大峡谷以连续的峡谷绕过南迦巴瓦峰，长达 496.3 千米，比号称世界"最长"的大峡谷——科罗拉多大峡谷还长 56 千米。雅鲁藏布江大峡谷中许多河段两岸岩石壁立，根本无法通行，所以至今还无人全程徒步穿越峡谷。

整个大峡谷的自然景观可以用"雅鲁藏布江大峡谷秀甲天下"概括。谓其秀甲天下，主要是指无论在秀的广度、深度和力度上都独领风骚。大峡谷的秀还有其深远和雄伟的内涵。例如大峡谷之水，从固态的万年冰雪到沸腾的温泉，从涓涓溪流、帘帘飞瀑直至滔滔江水，固态、液态、气态变幻无穷。而从力度来看加拉白垒峰，数百米的飞瀑每秒 16 米的流速、每秒 4425 立方米的流量，甚为壮观。再如大峡谷之间，从遍布热带季风雨的低山一直到高入云天的皑皑雪山无一不秀；茫茫的林海及耸入云端的雪峰给人的感受更如神来之笔。

雅鲁藏布大峡谷不仅地貌景观异常奇特，而且还具有独特的水汽通道作用。在这条水汽通道上，年降水量为 500 毫米的等值线可达北纬 32 度附

近。而在这条水汽通道西侧，500 毫米降水量等值线的最北端仅为北纬 27°左右，两者相差 5 个纬距。这就意味着，由于这条水汽通道的作用，可以把等值的降水带向北推进 5 个纬距之多。水汽通道还使大峡谷地区的雨季提早到来。一般来说，西藏地区喜马拉雅山脉北侧的雨季在 6 月末到 7 月初开始，而沿这条水汽通道，雨季都在 5 月或 5 月之前开始，比通道两侧提早 1 个月到 2 个月。

猛犸洞穴

世界洞穴中有很多是天然迷宫，猛犸洞穴就是世界上最长的地下迷宫。那些没有经过开发的支洞，那些随季节涨落的暗河，洞穴里空气稀薄得连蜡烛都难以点燃，四周寂静得都能听到自己的心跳。猛犸洞穴，这个与猛犸无关的地下迷宫，既束缚着你自由的身体，又不断挑战着你信心不足的灵魂。

洞穴分布在 5 个不同高度的地层内，其最下一层低于地表近 300 米，合计长度达 530 多千米。洞中石笋林立，钟乳多姿，或像艳丽的花朵、圆硕的瓜果，或像参天树木，其流泉飞瀑，造型

猛犸洞

神奇，十分美丽。洞内还有 2 个湖、3 条河和 8 处瀑布。最大的回音河低于地表 110 米，宽 6~36 米，深 1.5~6 米。游客可乘平底船循河上溯游览洞穴的风光。

自被发现以来，猛犸洞穴的每一米都是一个故事，无数探险家前赴后继，现在也不过已知猛犸洞穴 600 多千米而已，他们的故事已经被镂刻在猛犸洞穴的岩壁上。猛犸洞穴的深度纪录还在不断被刷新，也许，正是这种不可思议的感觉，吸引了无数人来到猛犸洞穴。

猛犸洞穴一切都是原始的，钟乳石、石笋和石膏晶体装点着整个洞室和通道，素色的灯光，简单的栈道，一切都是发现时的样貌，也许少了华商，但还原了自然的味道。

洞穴深处更是神秘所在，那里有几十种奇特的生物，有一部分世代生活在漆黑的环境里，比如濒临灭绝的印第安纳蝙蝠和肯塔基盲鱼等。那里的蜘蛛拿到地面会自己爆裂……几千年的自然演化成就了这些生物的神奇，人类的好奇却也给它们带来了威胁。

卡尔斯巴德洞窟

卡尔斯巴德洞窟位于美国佩科斯河西岸，新墨西哥州东南部的吉娃娃森林内，是由目前被发现的 81 个洞窟组成的喀斯特地形网。它体积庞大，变化多端，还包含了许多精美的矿物质，面积 189 平方千米。它是一处神奇的洞窟世界，是迄今探查到的最深的洞窟，位于地表以下 305 米。溶洞中最大的一处比 14 个足球场面积的总和还大，整个洞窟群长达近百千米，是世界上最长的山洞群之一。

卡尔斯巴德洞窟国家公园内的 81 个石灰岩洞中以龙舌兰洞窟最特别，构成了一个地下的实验室，在这里可以研究地质变迁的真实过程。沿一系列"之"字形的线路从主走廊下降 253 米，可到达第一个，也是最深的一个洞窟，名为"绿湖厅"，因其位于洞中央的艳绿色的水潭而得名。该洞窟布满精美的钟乳石，包括一处令人难忘的小瀑布，它与钟乳石相连形成一个圆柱，被贴切地称为"蒙上面纱的雕像"。

"皇后厅"设有奇异的帷幕，那里的钟乳石相拥而长，形成一道光线能照透的石幕。"太阳寺"的滴水岩造型由黄色、粉色、蓝色等有着柔和色彩的钟乳石组成。"忸怩的大象"看起来像一头大象的背部到尾部。著名的"老人岩"是一个巨大的钟乳石笋，孤独、雄伟地站立在黑暗的壁龛中。"巨人行"中三个巨大的穹形石笋在站岗放哨，而"王宫"的天花板上则撒下一排令人炫目的钟乳石。

卡尔斯巴德洞窟的另一壮观景象是栖息在卡尔斯巴德洞窟里上百万只

的蝙蝠。黄昏时候，上百万只蝙蝠从其白日的栖息地——阴冷黑暗的洞窟中振翼飞出，在黑暗中捕食昆虫，挡住了整个卡尔斯巴德洞口。在洞口还有许多小哺乳动物、沙漠爬虫和栖息在矮树丛中的鸟类，如花金鼠、浣熊、轮尾鸟、各种蜥蜴以及兀鹰和鹫。

浣　熊

过去，人们认为卡尔斯巴德洞窟这个由石灰岩组成的洞窟，是由碳酸盐岩石经历雨水之后，一点一滴地侵蚀出来的。事实上，按照水溶碳酸盐岩石的方式形成的大多数溶洞都有地下水流，这样才能带走溶于水的石灰石。可是，卡尔斯巴德洞窟不存在地下的水流。后来，地质学家发现，卡尔斯巴德洞窟不是雨水溶开碳酸盐岩石后，再渗到石灰岩上产生侵蚀作用所形成的，而是洞窟里的岩石出现了"冒气泡"现象而形成的。经过考察，洞窟的形成涉及到生物学现象。原来在卡尔斯巴德地区，以小片石油层为食的单细胞微生物才是真正的洞窟雕刻家。生物学家认为，石油中的含碳化合物被微生物吃掉，然后产生了硫化氢。这种致命的硫化氢气体通过岩缝跑出来，直至与水和氧气结合，生成硫酸，这才溶解出若干个体育馆那么大体积的石灰岩洞窟。经证实，在卡尔斯巴德洞窟的勒楚吉拉洞窟，有着大块石膏石，就是硫化氢生成硫酸后，再经过化学反应留下来的副产品。当然，这个洞窟在三四百万年间形成，现在不会有化学副产品的危害了。

科罗拉多大峡谷

世界闻名的科罗拉多大峡谷位于美国亚利桑那州科罗拉多高原上，为世界七大自然奇观之一。大峡谷分割了科罗拉多河，是世界上最壮观的

科罗拉多大峡谷

峡谷。

　　科罗拉多峡谷的壮观景色举世无双。大峡谷大体呈东西走向，东起科罗拉多河汇入处，西到内华达州界附近的格兰德瓦什崖附近，形状极不规则，蜿蜒曲折，迂回盘旋。峡谷顶宽在6000～30000米之间，往下收缩成"V"字形。两岸北高南低，最大谷深1500多米，谷底水面宽度不足千米，最窄处仅120米。

　　大峡谷的南、北两岸因中间有水相隔，气候差异很大。南岸的大部分地区海拔1800～2000米，而北岸比南岸高400～600米。南岸年平均降水量仅为382毫米，北岸则高达685毫米左右。

　　大峡谷栖息着约70种哺乳动物、40种两栖和爬行动物、230种鸟类。如珍稀的白头鹰、美洲隼、大蜥蜴等，这里还有世界上绝无仅有的凯巴布松鼠、玫瑰色响尾蛇。上千种植物分布在大峡谷上下，呈现明显的垂直分布。从谷底的亚热带仙人掌、半荒漠灌木，向上依次更替为温带和亚寒带的桧树、橡树、松树、云杉和冷杉林。由于河谷地层在结构、硬度上的差异，千百年河水的冲刷，在长长的峡谷间，谷壁地层断面节理清晰，层层

叠叠，就像万卷诗书构成的图案，缘山起伏，循谷延伸。

科罗拉多大峡谷被列入《世界自然遗产名录》的最重要原因在于其地质学意义：保存完好并充分暴露的岩层，从谷底向上整齐地排列着北美大陆从元古代到新生代不同地质时期的岩石，并含有丰富的具有代表性的生物化石，俨然是一部"地质史教科书"，记录了北美大陆的沧桑巨变和生物演化进程。

根据地质学家的研究，造就出大峡谷景观如此惊心动魄的主要原因基本上是沉积、抬升和侵蚀三种地质过程，经过亿万年的交替作用而成的。从古生代早期的寒武纪至36000万年前的泥盆纪时期，这一地区处于长期的稳定状态。当时此地位于大陆板块边缘的凹陷部分，上面覆着一层浅海，从陆地流下的冲积物在此沉淀。此后，或大或小规模的抬升和沉积作用交替进行，直至6500万年前，急遽加速的造山运动开始，并持续了数百万年之久。这里整个地区从此被抬升至海平面上，形成了今天的科罗拉多高原。到了新生代中期，约两千多万年前，地壳板块运动又再度活跃，高原被抬升得更高，河流侵蚀力量相对加剧，切割高原并塑造了各式各样的地形景观，渐渐形成了今日大峡谷的雏形。

大峡谷的岩石包括砂岩、页岩、石灰岩、板岩和火山岩。自谷底向上，从几十亿年前的古老花岗岩、片麻岩到近期各个地质时代的岩层（最年轻的火山喷出岩形成时间仅1000年），都清晰地以水平层次出露在外。这些岩石质地不一，各岩层不仅硬度不同，且色彩各异，颜色随着一年中不同季节里植被、气候条件的变化而变化。甚至在同一天里，大峡谷的岩石也会因时间的不同呈现出不同的景色：黎明初升的太阳使远方的岩壁闪耀着金银色光彩；而日落时晚霞把裸露的岩层映衬得像火焰一般；傍晚从大峡谷南岸望去，夕阳把大峡谷染成了橘红色；在月光下，两侧岩壁呈白色，衬着靛蓝色的阴影，十分醒目，岩石在阳光照耀下变幻莫测。所有这些，确实构成了一幅雄奇壮观的自然画卷。由于科罗拉多高原气候干燥，化学作用极为微弱，故岩石的原始色泽得以保持完好。

布莱斯峡谷

布莱斯峡谷位于美国犹他州西南部，与锡安山国家公园同属科罗拉多高原的一部分，但两者所呈现的景色却是截然不同。锡安山地区是雄伟壮丽的高山峡谷，而布莱斯却是梦幻的七彩峡谷。1875 年，苏格兰裔的布莱斯在谷口开垦农场，后来附近居民就把这个峡谷冠上了他的姓。于是这里就成了"布莱斯峡谷"。

那么，布莱斯峡谷是如何形成的呢？在六千多万年前，现在的布莱斯峡谷地区为温暖的内陆海，沉积物逐渐堆积成海床。后来水消失了，原本的海床变成陆地，再经过长久的侵蚀风化，就形成各式造型诡异的岩石柱、岩石锥。

虽然在美国其他地区也有这样的地形，但只有这里数量最多、范围最广又最密集。当地的印地安人将此称之为"不祥之地"，印第安语意为被变成石头的狼群。根据古老的传说，远古时期这里居住着一群可幻化为人形的邪恶动物，最后被土狼所制服，变成了一个个石柱，造就成如今布莱斯峡谷里怪石嶙峋的特殊奇景。由于峡谷的沉积岩层含有大量的金属元素，丰富的含铁质岩层经过长时间暴露于空气中，氧化作用后呈现程度不一的红色调。含锰的岩层则呈现深浅不同的紫色调，再配合上一整天阳光照射角度的变化，岩石色彩随时变幻，特别在黎明及夕阳时分，更是呈现出瑰丽夺目的奇幻景致。

1928 年，布拉斯峡谷被辟为国家公园。该公园保留了独特的地貌特征，反映了北美大陆形成时期的地理运动情况。布莱斯峡谷国家公园有 14 条深达 300 米的山谷。谷中形象诡异的岩石有的如长矛、寺庙、鱼鳖、野兽，有的像教堂尖塔，有的像城堡雉堞。有一组形体挺秀的怪石被起名为"维多利亚女王召开御前会议"，列成弧形的尊尊岩石似王公大臣、贵妇淑女环侍左右。其中红岩石塔更为犹他州所有岩景之冠。登高远望，但见道道帷幕、层层城堡、行行剑戟、重重石林，苍茫粗犷，神奇天成。公园里还倒立着大大小小的锤形岩石，看上去头重脚轻，却巍然屹立，令人叫绝。在这些鲜红如血的悬崖峭壁间，往往还会发现恐龙和爬虫时代的其他化石。矮树林、白杨、枫树、桦木等点缀在山岩之间。在阴森的峡谷中，也会看到道格拉斯云杉，一枝独秀，冲出石壁，沐浴在阳光之中，把这里衬托得更加绮丽。

布莱斯峡谷风光

道格拉斯云杉是一种独特的树种，通常称为黄杉。这种树还有其他一些俗称，如俄勒冈松、美国黄杉、西黄松、北美黄杉和道格拉斯树。尽管黄杉有各种不同的名称，其储量占北美针叶林总储量的1/5。在美国西部的商业林地中，黄杉的主要自然林地大约有14万平方千米。这些林地得到当地政府和州法律在木材采伐、林地作业管理、重新造林要求等诸方面的严格管理，有力地保护了林地内的动物栖息地及水域、土壤和生物的多样化。美国西部落叶松与黄杉混杂生长。这两种树种在外观和特征上很相似。美国亚利桑那州、科罗拉多州、内华达州、新墨西哥州和犹他州也生产少量的黄杉木材。

死亡谷

死亡谷于1994年成为美国国家公园。公园闻名的有两"最"：一是园内同时有美国本土最高的海拔4418米的惠特尼山巅和北美最低海拔，位于海平面下86米的"恶水"；二是美国有记录以来的最高温度。1913年，死亡谷被测到气温高达56.7℃，比在利比亚测到的世界纪录仅仅低了1℃。

死亡谷的"恶名"来源于它令人惊悚的历史。1849年，一批满怀发财梦的淘金客打算横穿这条不知名的山谷，寻找新的淘金地，未曾想到满谷皆是沙丘盐地，而谷中的骇人气温让人有如身陷火坑，炙热无比。因为寻找不到新的水源，很多人因为迷路和饥渴把自己的性命和家人的牵挂从此杳无音讯地留在了这里。出谷的时候只剩下少数幸存者。侥幸逃脱的人们惊恐地向世人诉说着谷中各种奇异与险恶，仿佛他们走入的是撒旦的私人领地。死亡谷的恶名和传奇从此不胫而走。

死亡谷

死亡谷是加州东南荒漠里的一处断层地沟，约在300万年以前，这里由于地质变动形成了一个巨大的内陆湖泊。不幸的是，这个内陆湖泊没有任何的入注河流，并且由于周围山脉的阻挡，降雨也少之又少。这汪湖水在百万年的时间里被蒸发一空，只剩下徒然的盐和弥漫在谷中无边无际的焦渴感觉。这是一段失水的无主的风景，来这里的每一个人都会觉得视野里的一切都那样不被润泽，缺失了自然的关爱。从满目黄褐的沙石到白茫茫的盐滩，从萧条的牧豆树到瑟缩的沙地爬虫。

恶水是死亡谷绝望和荒凉的中心，这里就是远古的盐湖蒸发千涸后留下来的咸涩的遗址。这里直到地下几尺都是纯粹的盐，干燥而坚硬，在烈日的照耀下像整洁的冰面泛起一片连视觉都觉得咸得要命的光芒。恶水临近的地方，有一处叫做"魔鬼的高尔夫球场"的盐滩，似乎世界所有的盐都汇聚到了这里。盐结晶的地面踩上去有些硌脚。在某些夜里，据说这里会产生哔哔剥剥的响声，于是有人说好兴致的魔鬼又在这里玩高尔夫球了。实际上，这是极其干燥的盐结晶体在吸收空气里面的水分时发出的崩裂的声音。每年在最酷热的7月，就连最活泼的野驴也不愿意动弹的时候，这里会举行一场别开生面的极其考验人的体力和毅力的"恶水穿越赛"。从北美大陆的最低点跑到最高点（惠特尼峰），全长217千米的距离，中间要翻过两座山脉，无怪乎有人要将这个运动项目称为"世界上最艰难的脚力赛"了。

从1600米高的"但丁之峰"向死亡谷眺望，一览无余，我们可以清楚地获得对但丁笔下的地狱的直观印象。比之众说的地狱，似乎这里除了熊熊的硫黄火湖看不见以外，一点也不缺少什么，蒸腾起来的水汽渺渺地摇晃在空气中，像蜃影一般，如同鬼魂因为不堪的苦楚而挣扎起舞的幻象。

在每年的11月初至次年的4月末，尤其在复活节、感恩节及圣诞节期间，天气微寒，此刻，游人接踵而至，山谷中顿时平添人气。一路走过，恣意挥洒的"艺术家"、白色沙丘"烟囱井"，以及著名的"史考特城堡"——呈现眼前，看得人目不暇接。

在死亡谷中，人们惊诧地发现这个"人间活地狱"竟是飞禽走兽的"极乐世界"。这里不像传说中那样寸草不生，反而生活着300多种鸟类、20余种蛇类、17种蜥蜴，还有1500多头倔头倔脑的野驴，没有人类骚扰，它们竟也生活得悠然逍遥。

萤火洞

怀托莫萤火虫洞，也称萤火洞，怀托摩洞，位于新西兰的怀卡托的怀托摩溶洞地区，因其地下溶洞现象而闻名。地面下石灰岩层构成了一系列庞大的溶洞系统，由各式的钟乳石和石笋以及萤火虫来点缀装饰。一些溶洞对游客开放，另一些用于专家进行研究。

新西兰北岛中北部石灰岩洞，位于汉米敦南约80千米处，怀帕河支流附近。地下岩洞有精美的钟乳石、石笋等，沿地下河道乘船游览最吸引人。成千上万的萤火虫在岩洞内熠熠生辉，

怀托莫萤火虫洞

灿若繁星，有人把这种自然奇观称为"世界第九大奇迹"。

石灰岩是由无数的海洋生物遗留物的化石所形成的，怀托摩萤火虫洞3000万年前是在深海底下，这2400万年来，萤火虫洞经过无数次地壳变动及火山活动等地质变化，许多坚硬的石灰岩受到扭曲变形并且被带到海平面上，尔后经过雨水侵蚀，形成许多的岩缝。

雨水与空气中带着微酸的二氧化碳，日积月累地侵蚀，使得岩缝逐渐扩大成为钟乳石及石笋，就是今天我们看到的萤火虫洞岩洞景色。经过推算估计大约100年的时间可以形成3立方厘米的钟乳石，不过也会因着地形结构、植物机能、石灰岩深度、内外环境气候、以及洞穴形成的年数，影响钟乳石形成的速度。两个并排的钟乳石会因为不同的水流途径，而各有不同的形成速度。

 ## 韦泽尔峡谷

韦泽尔峡谷包括147个史前遗址和25个洞窟壁画，可追溯到旧石器时代，引起民族学、人类文化学界的特别兴趣。同时就美学而言，岩洞绘画，特别是1940年发现的拉斯科洞岩画奇异非凡，打猎场面包括了约100种动物形象，描绘细致，色彩丰富，栩栩如生。这一年成为史前艺术史研究的重要年代。

韦泽尔峡谷洞穴群位于东经1度北纬45度。该文化遗址面积广阔，共包括16处文化遗址，这些遗址大多分布在韦泽尔河的两岸。另外，韦泽尔峡谷洞穴群还包括四处人工洞穴、三处供居住用的岩洞以及六处化石遗址。

洞穴的历史可以追溯到史前大约10000年前，这些历史悠久、有人类居住的洞穴群无疑是研究古代文化艺术、石器工具、古化石的最佳场所。同时韦泽尔峡谷洞穴群也是发现可鲁马努人（旧石器时代在欧洲的高加索人种）的地点。当这些宝贵的财富被发掘出来后，韦泽尔峡谷洞穴群被公认为迄今为止发现的最重要的史前人类文化遗址之一。

韦泽尔峡谷有个拉斯科洞窟，被称作"狩猎时代的卢浮博物馆"。1940年9月12日，当蒙蒂尼亚克城中的四个孩子在沿着韦泽尔河旁的一个陡坡上嬉戏时，他们意外地发现了拉斯科洞窟。洞窟的入口仅有80多厘米宽，当时洞口被一些落叶遮盖起来。沿洞口往下是几乎与地面垂直的山洞，最后可以看到一些历史遗迹及一些乱石堆。在随后的几周内开展了大规模的发掘活动，洞的入口及山洞内被拓宽到了几米宽。发掘活动使带有绘画图案的洞窟重见天日，这些带有动物形

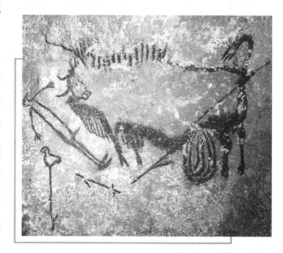

韦泽尔峡谷壁画

象的图案大多绘制在洞顶或是墙壁上。

峡谷两岸是高50~60米的绝壁。18世纪末，这里在长40千米、宽30千米范围内的150个洞窟中，发掘出50万件石器和动物骨化石。

想要发掘到拉斯科洞窟并不是一件很容易的事，当几千年以前洞窟中不再有居民居住后，从岩洞中逐渐脱落的岩石堆成了废石堆，这些废石堆将洞口严严实实地堵塞起来。此外，气流的流动及地下水的侵蚀都使拉斯科洞窟遭受了不同程度的损害。在冰川时代，拉斯科洞窟内的石灰岩发生了重结晶而转变成方解石，并且岩石的表面覆有一层难溶的黏土层。这些变化使得岩洞得到了很好的保护。因此，岩洞中的壁画，特别是离洞口不到10米的"独角兽壁画"都被完好的保存了下来。

1940年12于27日，拉斯科洞窟被法国当局设为重点文物保护对象。1948年，拉斯科洞窟正式对外开放。1979年，联合国教科文组织将韦泽尔峡谷洞窟群列人世界文化遗产名录。

东非大裂谷

东非大裂谷是世界大陆上最大的断裂带，从卫星照片上看去犹如一道巨大的伤疤。当乘飞机越过浩翰的印度洋，进入东非大陆的赤道上空时，

从机窗向下俯视，地面上有一条硕大无朋的"刀痕"呈现在眼前，顿时让人产生一种惊异而神奇的感觉，这就是著名的"东非大裂谷"，亦称"东非大峡谷"。

由于这条大裂谷在地理上已经实际超过东非的范围，一直延伸到死海地区，因此也有人将其称为"非洲——阿拉伯裂谷系统"。

那么，这条"伤痕"是怎样形成的呢？在1000多万年前，地壳的断裂作用形成了这一巨大的陷落带。板块构造学说认为，这里是陆块分离的地方，即非洲东部正好处于地幔物质上升流动强烈的地带。在上升流作用下，东非地壳抬升形成高原，上升流向两侧相反方向的分散作用使地壳脆弱部分张裂、断陷而成为裂谷带。张裂的平均速度为每年2~4厘米，这一作用至今一直持续不断地进行着，裂谷带仍在不断地向两侧扩展着。有关地理学家甚至预言，未来非洲大陆将沿裂谷断裂成两个大陆板块。

东非大裂谷底部是一片开阔的原野，20多个狭长的湖泊，有如一串串晶莹的蓝宝石，散落在谷地。中部的纳瓦沙湖和纳库鲁湖是鸟类等动物的栖息之地，也是肯重要的游览区和野生动物保护区，其中的纳瓦沙湖湖面海拔1900米，是裂谷内最高的湖。

东非大裂谷还是一座巨型天然畜水池，非洲大部分湖泊都集中在这里，大大小小20多个，例如阿贝湖、沙拉湖、图尔卡纳湖、马加迪湖、维多利亚湖、基奥加湖等。属陆地局部拗陷而成的湖泊，湖水较浅，如马拉维湖、坦噶尼喀湖等。这些湖泊呈长条状展开，顺裂谷带宫成串珠状，成为东非高原上的一大美景。

这些裂谷带的湖泊，水色湛蓝，辽阔浩荡，千变万化，不仅是旅游观光的胜地，而且湖区水量丰富，湖滨土地肥沃，植被茂盛，野生动物众多。大象、河马、非洲狮、犀牛、羚羊、狐狼、红鹤、秃鹫等都在这里栖息。坦桑尼亚、肯尼亚等国政府，已将这些地方辟为野生动物园或者野生动物自然保护区。比如，位于肯尼亚峡谷省省会纳库鲁近郊的纳库鲁湖，是一个鸟类资源丰富的湖泊，共有鸟类400多种，是肯尼亚重保护的国家公园。在这众多的鸟类之中，有一种名叫弗拉明哥的鸟，被称为世界上最漂亮的鸟。一般情况下，有5万多只火烈鸟聚集在湖区，最多时可达到15万多只。

当成千上万只鸟儿在湖面上飞翔或者在湖畔栖息时，远远望去，一片红霞，十分好看。

东非大裂谷谷底风光

有许多人在没有看见东非大裂谷之前，凭他们的想象认为，那里一定是一条狭长、黑暗、阴森、恐怖的断涧深，其间荒草漫漫，怪石嶙峋，涉无人烟。其实，当你来到裂谷之处，展现在眼前的完全是另外一番景象：远处，茂密的原始森林覆盖着宫绵的群峰，山坡上长满了盛开着的紫红色、淡黄色花朵的仙人滨、仙人球；近处，草原广袤，翠绿的灌木丛散落其间，野草青青，花香阵阵，草原深处的几处湖水波光闪闪，山水之间，白云飘荡。裂谷底部，平平整整，坦坦荡荡，牧草丰美，林木葱茏，生机盎然。

南极洲干谷

如同沙漠中的绿洲，在常年被冰雪覆盖的南极洲大陆上也有类似的风景存在。冰雪覆盖的白色山岭之间，突然出现了不同的颜色，不再是一片纯白色。穿过南极大陆东北部的麦克默多湾，可以看见一个无雪干谷地区。无雪干谷的西侧是横断山脉，维多利亚谷、赖特谷、地拉谷依次向北排列着。这些干谷的地貌陡峭，从高空望去，呈现大大的"U"字形，土地的颜色以褐色和黑色为主，大量的岩石充斥其间。这些地带在阳光的照射下异常干燥，既无冰雪，也很少降水，更没有郁郁葱葱的树木花草，有的只是裸露的岩石和枯干的动物尸体，偶尔可以找到寥若晨星的紧贴在岩石上面的苔藓、地衣等低等植物，数量极少。死亡、静寂的气氛笼罩着山谷，感受不到一丝鲜活的气息。虽然如此，这些没有被冰雪遮蔽、能见天日的地面，在广阔的南极大陆上极其珍贵，它们特殊的自然环境和气候引起科学

南极干谷

家们的兴趣，吸引了一批批科学家前来勘测研究。

　　干谷地区很少下雪，年降雪量只相当于 25 毫米的雨量。如此少量的雪花飘落下来，或者被暴风吹走，或者因地表的岩石吸收阳光的热量而融化并蒸发。因此，干谷内没有一丝雪的痕迹，和四周的景色形成强烈的对比，给寒冷的冰雪世界带来了些许温暖的气息。

　　在冰雪满地的南极洲地区，干谷的出现令人费解。有的科学家认为，干谷这种地貌的形成是火山喷发及相伴的地热活动的结果，地下喷出的滚烫的岩浆融化了冰封雪冻的冰层，大地得以重见天日。地底的地热活动所释放出来的热量使地表的冰雪不能久存，很快便消融蒸发，不见踪迹。还有的科学家认为，这里特殊的地理状况与太阳辐射和岩石的颜色有关。南极半岛地处极圈外，每天的日照时间长，气温较高，往往使冰雪无处遁形，化作缕缕蒸汽随风飘散。

　　此外，科学家们公认的一种说法是干谷是由南极的冰川消融、干涸而成的，覆盖大陆的冰川消失，地面裸露出来，呈现出了最原始的地理地貌，像维多利亚干谷地区就保留了很好的原始自然状态，遗留了世界上少有的冰川期之后的侵蚀现象和证据。

每个干谷都有盐湖。维多利亚干谷地区存在着独具特色的盐湖，在零下几十摄氏度的温度条件下都不会结冰。例如，从范达湖往西10千米的地方，有一个小湖泊，叫"汤潘湖"。它的直径约数百米，湖深只有30厘米。湖中的盐度很高，伸手掬一捧水洒落，手中会留下一层薄薄的盐颗粒。正因为如此，湖水才常年不结冰，高密度的盐量给予了汤潘湖恒定的温度，成为冰雪世界中的奇观。"不冻之湖"的美名由此誉满天下。

对于干谷的由来和存在其中的种种难以理解的现象，人类迄今为止还没有得出确切而完整的结论，很多问题仅仅停留在猜测解释阶段，而正是由于其未知的特性，才给南极洲的干谷地区披上了一层神秘的外衣，散发着无穷的魅力。如巨大的磁场，吸引着无数的人们前来探险，产生了一段段惊心动魄的故事，很多不为人知的谷地也因此得名。20世纪初，英国人斯科特率领一支探险队冲破重重阻力来到南极考察，他们踏浪破冰，领略着南极洲的异域风情，队员泰勒首先看到了一个干谷，并形容那是"一个光秃秃的石谷"，这个山谷因此得名泰勒谷。

奇峻陡峭的山谷，赤红褐色的岩石，风化干枯的动物尸体，形态保存完好的动物化石，屈指可数的苔藓类植物，这些原本平淡无奇的事物，独立存在时并不会引人注目。但当它们一同出现在南极洲大陆的无冰雪地带时，却都成为人类重点研究的对象，为破解南极洲干谷地区的种种谜团穿针引线，以期达到脉络清晰、条分缕析揭开干谷之谜的最终目的。

奔流不息的江河

 长江之源

长江是中国第一大河，全长 6300 余千米，在世界上仅次于亚马孙河和尼罗河。

长江源地区即指长江上游通天河的楚玛尔河口以上的源流地区，流域面积约 11 万平方千米。这里雪山绵亘，冰川蜿蜒，湖泊广布，沙丘起伏，泉群出露，沼泽连片，冻土成带，水系发达，河川众多。有些河道水系散乱，互相交织，时分时合，极似少女的辫子，又可以说是"辫状水系"。

在这庞大的水系当中，沱沱河、楚玛尔河、当曲是三条主要源头水流。

长江正源沱沱河发源于唐古拉山脉主峰各拉丹冬雪山西南侧的冰川丛中。各拉丹冬雪山群，由 21 座海拔 6000 米以上的雪山所组成，主峰海拔6621 米，南北长达 50 余千米，东西宽约 20 千米，冰雪覆盖面积达 670 平方千米，储存着大量的固体水。雪山群的峡谷中，有 104 条现代冰川。冰川和周围的雪山，在充足的日照下，融化成长江最初的源流。各拉丹冬雪山西南侧，有两条大型山谷冰川，自东向西，沿着山谷向下延伸，形似螃蟹的两只前爪。这里就是万里长江正源沱沱河的起点——姜根迪如的南北冰川。南支冰川长 12.4 千米，宽 1.6 千米；北支冰川长 10.1 千米，宽 1.3 千米。这两条冰川的冰舌部分，因阳光、风化、水流的融溶作用，形成了壮丽的冰塔林。

冰川在阳光下融化汇聚成沱沱河，河道开阔，水流如发辫交织。沱沱河在向北流经 130 千米后，受到乌兰乌拉山的阻挡又掉头向东，一直穿过青藏公路的沱沱河大桥，在以下 60 千米处与当曲汇合。沱沱河全长 346 千米。

长江北源楚玛尔河发源于距错仁德加湖（叶鲁苏湖）约 150 千米远的可可西里山东麓。可可西里又与新疆的阿尔金、西藏的羌塘相连，这是中国最大的一片无人区之一，也是中国目前大型野生兽类动物分布数量最

沱沱河

多的地区。这里虽然海拔 5000 多米，但地势平缓，一条条干涸的沟谷，一片片风积沙丘，广布在山坡和河畔。一眼望去，沙海起伏，沙丘像一弯弯的月牙，这就是"新月形沙丘"。沙丘一般高 20 米左右，最高可达 50 米。这无疑是世界上最高的沙丘分布区域了。楚玛尔河地区的年降水量虽然仅及当曲地区的一半，沿岸沙丘也多，但是它的湖泊却不少，楚玛尔河从错仁德加湖（叶鲁苏湖）中穿过。

楚玛尔河在下游接纳了昆仑山南坡大量的冰雪融水和较多的地下水后，水量也明显增大。楚玛尔河向东流去，先后穿过叶鲁苏湖及青藏公路，最后折转向南，在当曲河口下游 200 多千米处，汇入通天河。

长江南源当曲发源于唐古拉山脉东段海拔 5395 米的山麓沼泽地，一片地球上海拔最高的沼泽。藏语"当曲"，是"沼泽河"的意思，这里地下水源丰富，到处是连片的沼泽和泉群。

当曲初始的源流形成后，先由南向北，又转向西北、东北，再自西向东流去。与当曲源头一山之隔是澜沧江水系的上源，其流向与当曲正相反。再向南，是发源于唐古拉山南麓的怒江。当曲全长 352 千米。

沱沱河与当曲在沱沱河大桥下游 60 千米处汇合后称为通天河，通天河全长 800 千米，穿行于唐古拉山脉和昆仑山脉的宽谷之中。通天河上游地

区，由于交通条件所限制，相对少有人为干扰，是长江源头原始状态保存最完整的地区之一。

通天河在玉树接纳巴塘河后进入西藏自治区与四川省交界处的高山峡谷之间，称为金沙江。金沙江流经著名的横断山脉区。地势自西北逐渐向东北倾斜，群山绵亘，山岭之间的峡谷成"V"形，深达两三千米，江水如万马奔腾，穿行在深切的峡谷之中。与金沙江相邻的怒江、澜沧江，相互之间距离最近处仅70多千米，三条江平行南流，形成著名的三江并流景观地区。金沙江穿过云贵高原北侧，流到四川省宜宾市，当它和北面流来的岷江在宜宾汇合之后，才称为长江。

钱塘江大潮

钱塘江涌潮与南美洲的亚马孙河、南亚的恒河，并称世界大强涌潮河流。但涌潮之优美壮观，以钱塘江大潮为最。每年农历八月十八日观潮节，国内外数十万观潮者，像潮水般涌向海宁，争相观看这"天下之伟观"！

为什么八月十八这一天最壮观？这是因为中秋节后的两三天，是一年中地球离太阳最近的时候，因此这时候的秋潮是全年中最大的一次。

钱塘江的秋潮比其他地方的秋潮更壮观，是与杭州湾的特殊地形分不开的。钱塘江入海的地方（即钱塘江口）叫杭州湾，那里外宽内窄，呈喇叭形，出海处宽达100千米，而往西逐渐收缩为20千米左右，最狭窄处海宁县盐官镇附近，只有3千米宽。潮水涌来时，一路上越往西越受到两岸地形的约束，只好涌积起来，潮头越积越高，好像一道直立的水墙，向西推进。同时，由于潮流的作用，把长江泻入海中的大量泥沙，不断地带到杭州湾来，在钱塘江口形成一个体积庞大、好像门槛一样"沙门"。当潮水向钱塘江口内涌去时，被拦门沙坎挡住了潮头，就形成了后浪推前浪、一浪叠一浪、汹涌澎湃、势如千军万马排山倒海的天下奇观！

观潮最盛之期，莫过于宋朝。那时观潮，农历八月十二日始二十日止，而以十八日为高潮。相传这一天称"潮诞"，又是朝廷检阅水师的日子。因此这一天倾城观潮，士女云集，江岸搭彩棚看台，十余里间，人山人海，地无寸隙。先是水师操演，战船在江上趋浪腾空，演出各种阵势变化，并且鸣放烟炮。等到炮息烟散。战船隐藏得无影无踪，然后有数百名凫水健儿跃入水中，迎潮而上，有水手擎大幅彩旗，踏波踩浪，出没于波峰浪谷之中，而旗尾一点儿也不沾湿，显出了"弄潮儿"的英雄本色。

由此看来，农历八月十八日定为钱塘江大潮的观潮日，除了上面讲的自然、地理原因之外，还有它的历史的继承性，反映了中华民族深厚的文化底蕴。

八堡是江河海湾的交汇处，呈喇叭口状，是观赏"碰头潮"的好地方。只见远处潮头若隐若现，不多久南北西端连成一线，如一条闪亮的游龙横冲而来。涛声由小到大向江口推进，只见

盐官"一线潮"

东南两股潮水拍岸而来，蓦地潮头相碰，满江涌潮，声如山崩地裂，掀起的巨浪雷霆万钧，摧枯拉朽。八堡海塘成了近年来观潮第一个胜处。

在盐官镇，有占鳌塔观潮楼、海神庙等名胜古迹。这里潮势自东而来，不仅最盛，而且潮头齐列一线，绵延数千米，这就是著名的"一线潮"。潮来时，东方水天相接，泛起一道银线，乍隐乍现，微微起伏，远远望去，像亿万条银白色的鱼在宽阔的江面上跳跃追逐，又似一群洁白的天鹅排成一线，展翅翩翩而来。后浪推着前浪，似满江碎银狂泻，前浪引出后浪，托起一堵耸立江面的潮峰。潮头来到眼前时，来不及细细体味，便沉浸在风雪激荡、云水震怒的画卷之中。只见摧枯拉朽般浪涛滚滚而来，如万鼓齐鸣，似千军呐喊，像惊雷掠空，若沙场闹海，直搅得银山滚动，雪屋耸摇，顷刻，潮峰呼啸而过。江水猛涨，波涛泛白，经久不息。

在盐官以西10千米处的老盐仓，还可以观赏到奇特的"返头潮"。这里自1964年筑起9米高、650米长的丁字大坝截挡江潮后，便成了海宁观潮的第三佳地。当海潮撞上这伸入江心的丁字大坝时，潮尖如受惊的猛狮

突兀立起，由于突然受阻，陡起丈高水柱，然后潮头折回。形成了一条反方向的白色潮线，滚滚退去，这就叫"返头潮"。

亚马孙河

南美洲亚马孙河的大小难以想像或描述。无疑，它是世界上最大的河流。

在地球表面的全部径流量中，亚马孙河大约占 1/5。1.5 万条以上的河流注入亚马孙河，其中有 17 条都比流经欧洲的莱茵河长。所以，亚马孙河被誉为"河流之王"，它源于南美洲安第斯山中段，秘鲁的科罗普纳山东侧的米斯米雪峰之巅。其正源——乌卡利亚河，不断地接纳雪峰上的淙淙冰水，一路汇集百川之水，进入著名的亚马孙平原。亚马孙河流经秘鲁、厄瓜多尔、哥伦比亚、委内瑞拉、圭亚那、苏里南、玻利维亚和巴西等国。最终在巴西的马腊若岛附近流入大西洋。亚马孙河全长 6400 多千米，其支流有上千条，与干流共同组成了总长度达 6 万余千米的亚马孙河水系，其流域面积

亚马孙河

705 万平方千米，大部分在巴西境内。由于赤道附近多雨地区，水量终年充沛，亚马孙河口年平均流量高达 21 万立方米每秒，使它成为世界上流域最广、流量最大的河流，巴西人自豪地称之为"河海"。亚马孙河滋润着南美洲的广袤土地，孕育了世界最大的热带雨林，使这一片地域成为世界上公认的最神秘的"生命王国"。

亚马孙河的深度足以使大船上溯航行到秘鲁的"大西洋海港"——伊基托斯。它距离大西洋达 3680 千米。亚马孙河在入海之前形成巨大的河汊网，

并与南面的托坎廷斯河和帕拉河汇合，浩浩荡荡流入大西洋。河口宽 320 千米，其中两条河由马拉若岛分隔，该岛面积与瑞士相若。亚马孙河每年注入大西洋的水量达 6600 立方千米以上，约占全世界河流每年注入大洋总水量的 14%。在远离河口 320 千米的大西洋上，还可以看到亚马孙河的黄浊河水，河水将这一带海水冲淡，因此人们把这一带称为"淡水海"。

多瑙河

多瑙河奔流直下，汇入黑海，形成了欧洲面积最大、保存最完好的三角洲。多瑙河三角洲不计其数的湖泊和沼泽哺育着 300 多种鸟类和 45 种多瑙河及其支流中特有的鱼类。

无论科学家认为多瑙河三角洲只有 7000 年的历史，还是昨天才诞生，都无关紧要。三角洲是一个仍在形成中的世界。它散发着海草、湿土、飞鱼和鲜鱼子酱的蛮荒气味。

没有迹象表明曾有人在此生活，也没有写下自然环境的历史痕迹，它们依然我行我素地执著前行。现在，三角洲的总面积已超过 5500 平方千米，多瑙河河长 2850 千米，平均流速每秒 6500 立方米，挟带的淤泥每年约有 2 亿吨。作为欧洲仅次于伏尔加河的最大河流，它的汇水面积超过 80 万平方千米，它流经前南斯拉夫、罗马尼亚、保加利亚和乌克兰，欧洲中部和东南部、奥地利、德国以及匈牙利的河流都汇集其中。

对生活在多瑙河中下游的古人来说，多瑙河是一条神圣的河。武士外出征战，先要用河水净身，并向它献祭，尤其是罗马皇帝图拉真，对它更是感激涕零，因为在 2 世纪罗马军队征讨生活在多瑙河平原和喀尔巴阡山的达契亚人时，多瑙河曾施惠于他。在罗马匿拉真的石柱上，多瑙河被描绘成一个长着胡须的巨人。图拉真是第一个踏着石桥渡过多瑙河的人，该桥为大马士革的建筑师阿波沼多鲁斯于公元 105 年所建。

古希腊人认为多瑙河三角洲是一个自我封闭的地区，根据季节的不同，为多瑙河七条、五条或三条支流所束缚。随着时间的推移，多瑙河至少有四个出海口被淤泥堵塞，从而产生了数不胜数的淡水水道和湖泊，由漂浮或固定的岛屿将它们与大海分开，岛上长满芦苇和树木，如白杨、栎树、柳树和桤木。

多瑙河水通过三条支流注入黑海，从北向南，分别是基利亚河、苏利纳河和斯芬图格奥尔基河。在这些河流上，船只满载咸鱼和熏鱼、谷物、蜂蜜、毛皮和奴隶，从这里驶向希腊和意大利。

传说，多瑙河三角洲中心地带的白杨岛曾被一个神

多瑙河

秘的王国所占领，居住在那里的要么是亚马孔人，要么是日耳曼血统的部落。现名斯内克岛，属俄罗斯所有。根据希腊神话，它是通向西天的入口，也是祭拜阿喀琉斯的地方，据说他一直在此避难。

同古时候一样，多瑙河三角洲现仍是每年从欧洲中部和北部迁往地中海的候鸟的落脚点。现有记载的鸟类已达300多种，其中176种在那里繁殖。

在漂浮岛上可发现水獭、鼬和水貂。鱼是多瑙河三角洲和湖泊的另一个财富来源：现已发现60多种鱼，其中45种是在多瑙河及其支流中土生土长的鱼，另外15种为海鱼。有些鱼，如鲟，产卵时逆流而上，到河的上游产卵，它们的卵可做鱼子酱，而有些鱼，如鳝鱼，则顺流而下，到海中产卵。

三角洲还是人类的定居区，那里约有2万人居住，主要是渔民。其中80%以上是利波瓦人，即由于受官方规定的宗教和沙皇迫害而来三角洲避难的信东正教的俄罗斯人。他们的人数已急剧减少，大约50年前有3万人，目前已减少到1.2万人左右。

 ## 尼罗河

尼罗河发源于赤道以南、非洲东部高原，由南向北纵贯埃及全境，沿途经过许多湖泊，留下6道瀑布，出现数处激流和险滩，最终穿越非洲沙漠，进入地中海。

尼罗河是非洲第一大河、世界第二长河，全长6740千米，流域面积280万平方千米，是非洲大陆面积的1/10，大部分在埃及和苏丹境内。

像世界其他名川大江一样，尼罗河也一直受到人们的赞美。埃及诗圣艾哈迈德·肖基曾写下"尼罗河水自天降"的不朽诗句。前人也曾有过这样的描绘："河谷里有灿烂的阳光，肥沃的土地，温暖的气候和美丽的风景。"在尼罗河河谷的土地上，青草、谷穗、葡萄夹在灼人的沙漠之间，宛如水流不断、花果丛生的"人间天堂"。

尼罗河的上游有两条主要的支流——白尼罗河和青尼罗河。白尼罗河源于维多利亚湖以西终年多雨的群山之间，流经卢旺达、布隆迪、坦桑尼亚、肯尼亚、乌干达和扎伊尔，最后进入苏丹。青尼罗河发源于埃塞俄比亚西北部高原的塔纳湖，

尼罗河

流经埃塞俄比亚和苏丹。这两条支流在苏丹首都喀土穆汇合，合流点以下的河段就称为尼罗河。

汇合后的尼罗河主流水量大增，流量变化加大，再纳支流阿特巴拉河，然后进入埃及。尼罗河在埃及境内长达1530千米，在埃及首都开罗以北形成面积为2.5万平方千米的巨大三角洲平原，河道在这里分成许多岔流，流入地中海。三角洲平原上，地势平坦，河渠纵横，是古代埃及文化的摇篮，

也是现代埃及政治、经济和文化的中心。

尼罗河谷地与尼罗河三角洲地区，古埃及人称之为"黑土地"，这里的土壤呈黑色，含有洪水留下的黑色淤泥粉末。正因为有了这层表层土，这一地区的土地才肥沃异常。

希腊历史学家希罗多德甚至把埃及称为"尼罗河的礼物"，如果没有尼罗河充足的泛滥之水，埃及的一切都不会存在。

关于尼罗河的泛滥，流传着许多神话、传说。相传尼罗河泛滥是因为女神伊兹斯的丈夫遇难身亡，伊兹斯悲痛欲绝，泪如雨下，泪水落入尼罗河中，使河水上涨，引起泛滥。所以，每年6月13～17日，当尼罗河水开始变绿、预示河水即将泛滥时，埃及人就举行一次欢庆，称为"落泪夜"。

如今，尼罗河水由一组大坝及灌溉系统控制着，其中最为著名的是阿斯旺大水坝，它横跨两岸的坝顶近4000米，底部厚980米，高110米，一年四季都可进行灌溉。没有了一年一度的洪水泛滥，那些曾经令尼罗河河谷变得肥沃的淤泥只好沉积在纳赛尔水库的库底了。

尼罗河畔的居民曾经根据河水的涨落，定下了各种劳作的日子，创造出一年分成三季的自然历法：每年7月中旬，尼罗河水开始泛滥之时，自然历法中的第一个季度"阿赫特"就开始了，在此后的4个月里，田野被浸透在水中；第二个季节被称为"佩雷特"，意思是"出"，既指土地"出"水，也指幼芽"出"土，是农作物的生长季节；最后一季被称为"合莫"，是收获庄稼、平整土地和维修堤坝的季节。

尼罗河三角洲地区是埃及最富饶的地方，被称为"鱼米之乡"。虽然三角洲的面积仅占埃及全国总面积的24%，但在这块土地上，人口却占全国人口的90%以上。埃及的城市、村落、居民和久负盛名的历史古迹，绝大部分都分布在这一带，"不到绿色走廊不算到埃及"的说法在非洲极为普遍。这里既是古埃及灿烂文明的摇篮，也是世界著名的文化发祥地之一。

 易北河

易北河，是中欧流经捷克共和国和德国的一条河流，在捷克语和波兰语中称为"拉贝河",都是由古斯堪的纳维亚语的"河流"一词演变来的。

悠长的易北河代表着一个时代,宁静之中蕴藏着不凡的造化,在亿万年的默默流淌中,目睹着"欧洲心脏"的沧海桑田,沉浸其中,仿佛回到中古世纪。这里没有钢筋混凝土,没有水泥沥青,一切都用石头和木材筑成,这样的风格让来自现代化大都市的人觉得新奇,却又情不自禁地爱上它。不由幻想溯流而上,到那个百塔之城许下毕生的心愿;抑或是顺流而下,到那蔚蓝北海感受汉堡的余荣。河风轻轻地从身旁溜过,就这样渐渐陷入那个奢华又精致的年代中驻足不前,任由思绪沿着这条易北河,静静地、宽阔地流淌着。

"易北河畔的佛罗伦萨"德累斯顿是个平凡的巴洛克式小城,易北河像一条美丽的缎带一样缠绕着这座幽暗的古城,两岸的古城堡、教堂和鳞次栉比的古建筑,虽然雕刻上了岁月的沧桑,但是依然彰显着往昔的繁华气派,释放着古典的浓厚香醇。

易北河

市中心的紫文阁宫,是德国巴洛克风格建筑中的最伟大杰作,艺术在这里凝固,流动的古典美韵,演奏出巴洛克时代最华美的篇章。德累斯顿是一个有质感的城市,易北河赋予这座城市梦幻的存在。

易北河畔有个小镇托尔高,这里是获得重生的地方。一座横跨易北河的断桥裂缝两端,头戴钢盔的美国第一军步兵与他们的苏联盟友在此握手标志着欧洲"二战"硝烟的熄灭。如今的小镇安静祥和,易北河会师的誓言"永远不再让战争发生,尽最大的努力不让世界上发生的可怕事情重演"在小镇流传。

变幻无穷的湖泊

 喀 纳 斯 湖

"喀纳斯"是蒙语"峡谷中的湖"的意思。从阿尔泰山脚下的布尔津县出发,沿着额尔齐斯河的水量最大的支流——布尔津河的谷地,往西北直上120多千米,就到了喀纳斯湖。这里道路险阻,气候多变,自古至今,很少有人来过,若不是现在修通了简易公路,不知要多少天才能到达。据传,当年成吉恩汗西征,也只好绕道而过,未敢涉足此地。

喀纳斯湖位于山地森林带的中部,湖面海拔1374米,湖长25千米,宽1.6～2.9千米,形如一长豆荚,面积37.7平方千米,约为天山天池的8倍。透过湖边茂密的森林望去,层层青山烟云缭绕,顶顷雪锋倒映碧波。密林深处时而传来马鹿低沉的鸣声。湖边净是浓密的松、杉、桦、柳和高过人头的草丛,丛林中不时露出狍、鹿的褐黄色的身影。成群的野鸭在湖面上嬉戏。大鱼时而跃出水面,激起一片涟漪,湖上风姿兼有南北方山区湖泊的特色。

喀纳斯湖处于布尔津河上游支流喀纳斯河的中段,夏季湖口流量约50立方米每秒,湖面年变化高差不到30厘米,由于水量较为稳定,加之湖岸平缓,湖边的沼地植物生长茂盛,因此整个湖区成为鱼类和水禽产卵繁殖的理想场所。七八月份,可见到近岸的湖水中,小鱼聚集如云,使湖水为之变色。更有趣的是随着阴晴晨昏,喀纳斯湖水色也有着规律的变化。夏日晴朗炎热天,湖水有变为微带蓝绿的乳白色,这是由于上游冰川强烈融化，带来大量乳白色粉状冰流物所致。

美丽的喀纳斯湖

喀纳斯湖是由第二次大冰期的巨大复合山谷冰川刨蚀而成。当时，喀纳斯冰川长达百余千米，冰川厚度大于二三百米。由于缓慢而稳定的退缩，在喀纳斯湖口留下了宽约 1 千米、高 50～70 米的终碛垄，而后迅速退缩，形成了现在喀纳斯湖的基础，至今在湖东崖的高陡岸边，还保存着几十米长，布满丁字形冰川擦痕的羊背石，成为历史的见证。有趣的是在这羊背石上，还有古代岩石壁画，有待考古学家研究。那些终碛垄便成了当地举行阿肯弹唱会和赛马的好场所。

喀纳斯是野生动物的乐园，也是新疆鸟兽种类最大的地区。其中有 20 多种属于我国规定的保护动物。湖中哲罗蛙（大红鱼）、细鳞鱼（小红色）、北极回鱼和江鳕等冷水鱼成群结队，游来游去，红鱼最大的可达 20 余千克，它一口就能吞下一只野鸭。现在以喀纳斯湖为中心，现已建立了阿尔泰喀纳斯自然景观保护区，总面积 5588 平方千米。

 青海湖

青海湖是我国最大的内陆咸水湖，位于青海省的东北部，距西宁 150 千米，南北宽约 63 千米，周长约 360 千米，面积约 4500 平方千米，湖面海拔约 3200 米，平均水深近 20 米，蓄水量约 754 亿立方米。青海湖古称"西海"、"羌海"，又称"鲜水"、"鲜海"，汉代也有人称为"仙海"，从北魏起才更名为"青海"。藏语称为"错温布"，蒙古语称为"库库诺尔"，意思均为"蓝色的湖泊"。

青海湖在不同的季节里，景色迥然不同。夏秋季节，当四周巍巍的群山和西岸辽阔的草原披上绿装的时候，青海湖畔山清水秀，天高气爽，景色十分绮丽。辽阔起伏的千里草原就像是铺上一层厚厚的绿色的绒毯，那五彩缤纷的野花，把绿色的绒毯点缀得如锦似缎，数不尽的牛羊和膘肥体壮的骢

青海湖

马犹如五彩斑驳的珍珠洒满草原。湖畔大片整齐如画的农田麦浪翻滚，菜花泛金，芳香四溢 。那碧波万顷，水天一色的青海湖，好似一泓琼浆在轻轻荡漾。而寒冷的冬季，当寒流到来的时候，四周群山和草原变得一片枯黄，有时还要披上一层厚厚的银装。每年 11 月份，青海湖便开始结冰，浩瀚碧澄的湖面，冰封玉砌，银装素裹，就像一面巨大的宝镜，在阳光下熠熠闪亮，终日放射着夺目的光辉。

在青海湖的西北隅，距入湖第一大河布哈河三角洲不远的地方，有两座大小不一、形状各异的岛屿，一东一西，左右对峙，傍依在湖边。远远望去，这两个岛屿就像一对相依为命的孪生姊妹，在湖畔相向而立，翘首遥望着远方。这两座美丽的小岛，就是举世闻名的鸟岛。

鸟岛，因岛上栖息着数以十万计的候鸟而得名。它们真实的名字，西边的小岛叫海西山，又叫小西山，也叫蛋岛；东边的大岛叫海西波。海西山形似驼峰，面积原来很小，现在随着湖水下降有所扩大，岛顶高出湖面 7．6 米。岛上鸟类数量最多，约有八九万只。这里是斑头雁、鱼鸥、棕颈鸥的世袭领地。每年春天，斑头雁、鱼鸥、棕颈鸥等一起来到这里，在岛上各占一方，筑巢垒窝。到了产卵季节，岛上的鸟蛋一窝连一窝，密密麻麻数也数不清，所以，人们又把这里称为蛋岛，平时所说的鸟岛也主要是指这里。海西波，东高西低，状如跳板，面积比海西山大四倍多。岛上地

势较为平坦，生长着茂密的豆科禾、野葱等植物。岛的东部悬崖峭立，濒临湖面。岛前有一巨石突兀嶙峋，矗立湖中。四周波光岚影，颇为壮观。岛的西部是一缓坡，与海西山紧相毗连。海西波为鸬鹚的王国，栖息的鸬鹚数以万计，它们在岩崖上筑满大大小小的窝巢。尤其是岛前的那块巨石之上，鸬鹚窝一个连一个，俨然像一座鸟儿的城堡。

鸟岛之所以成为鸟类繁衍生息的理想家园，主要是因为它有着独特的地理条件和自然环境。这里地势平坦，气候温和，三面绕水，环境幽静，水草茂盛，鱼类繁多。那些独具慧眼的鸟儿们，根据自己的习性和爱好，在这里选择不同的地形地貌和生态环境，构筑自己的家园。鸟岛的鸟，大都是候鸟，每到春天，当印度洋上的暖流涌来时，侨居南亚诸岛的鸟禽便带着清新的气息，越过冰雪皑皑的喜马拉雅山向北迁徙。一路上，它们嘎嘎地欢叫着，日夜兼程。其中有的飞到青藏高原的江河湖泊，有的飞过沙漠到更远的地方，有的飞到青海湖鸟岛。它们一到这里，来不及洗去羽毛上的征尘，也顾不上安闲地歇息，便忙忙碌碌地衔草运枝，建造新居。这时候的鸟岛，简直是一片欢腾的世界、繁忙的世界、喧闹的世界。云集到岛上的数十万只鸟儿，从早到晚不停地起飞落下，落下又飞起。天上地下，岛上岛下，全是鸟儿们的身影。

纳木错

纳木错位于拉萨西北约 200 千米处（当雄县和那曲地区班戈县之间），藏语"纳木错"意为"天湖、灵湖或神湖"，是藏传佛教的著名圣地，传为密宗本尊胜乐金刚的道场，是西藏三大圣湖之一。

纳木错湖面海拔 4718 米，从湖东岸到西岸全长 70 多千米，由南岸到北岸宽 30 多千米，总面积为 1900 多平方千米，是我国的第二大咸水湖。也是世界上海拔最高的大湖，最深处约 33 米以上。纳木错是新生代第三纪因喜马拉雅运动凹陷而成。现存古湖岸线三道，最高一道距现在湖面 80 米。湖中盛产细鳞鱼和无鳞鱼。湖滨地㐂阔，分布有广袤的湖滨平原、沼泽地和沙滩。湖滨平原水草繁茂，有野驴、黄羊、狗熊、狐狸、野兔等野生动物活动。

纳木错湖水靠念青唐古拉山的冰雪融化后补给，沿湖有不少大小溪流注入，湖水清澈，透明度大，矿化度低，每升水仅含1.7克左右盐分，属微咸水湖。湖面呈深蓝色，水天相融，浑然一体。来到这个西藏最大湖泊岸边，会惊奇地感到好像来到了大海边，远眺天高水阔，烟波浩渺；近处激浪拍岸、涛声不绝于耳。闲游湖畔，似有身临仙境之感。

湖中五个岛屿兀立于万顷碧波之中，佛教徒们传说他们是五方佛的化身，凡去神湖朝佛敬香者，莫不虔诚顶礼膜拜。其中最大的是良多岛，面积为1.2平方千米。此外还有五个半岛从不同的方位凸入水域，其中扎西半

纳木错

岛居五个半岛之冠。岛上纷杂林立着无数石柱和奇异的石峰，有的壮如象鼻，有的酷似人形，有的似松柏，千姿百态，惟妙惟肖。岛上还分布着许多幽静的岩洞，有的洞口呈圆形而洞浅短，有的溶洞狭长似地道，有的岩洞上面塌陷形成自然的天窗，有的洞里布满了钟乳石。

纳木错是著名的朝圣地。历史上湖周庙宇林立，香火鼎盛。每年都有来自青海、甘肃、四川、云南及西藏各地的佛教徒到此转经朝拜。在公元前12世纪末，藏传佛教达隆嘎举派创始人达隆塘巴扎西贝等高僧，曾到湖上修习密宗要法，并认为是胜乐金刚的道场，始创羊年环绕纳木错湖之举。信徒传说，每到羊年，诸佛、菩萨、扩法神集会在纳木湖设坛大兴法会，如此时前往朝拜，转湖念经一次，胜过平时朝礼转湖念经十万次，其福无量。所以每到羊年僧俗信徒不惜长途跋涉，前往转湖一次就感到心满意足，得到了莫大的安慰和幸福。这一活动，每到藏历羊年的四月十五达到高潮，届时僧俗云集，先后历时数月，盛况空前。

纳木错湖畔玛尼堆遍布，湖畔小岛西北侧坡顶，有一处50米长的玛尼

堆。上千块刻有藏文经咒的石块，个个都是极好的艺术品。数码般弯弯曲曲的藏文字也很美丽。据说这些刻字的石块多是各地的教徒不远千里带来的，那上面刻着对来世虔诚的祈祷。在纳木错湖畔还有两块高高耸立的合掌石，它确如两只巨大的手掌，高举向天空，合掌为众生平安而祈祷。

天山天池

享有"天山明珠"盛誉的天山天池，是一个天然的高山湖泊。它坐落在北天山东段博格达峰下的半山腰，海拔1980米。湖面呈半月形，长3400米，最宽处约1500米，面积4.9平方千米。湖深数米到105米。湖水清澈，晶莹如玉，四周群山环抱。绿草如茵，野花似锦。挺拔、苍翠的云杉、塔松，漫山遍岭，遮天蔽日。

天池东南面就是雄伟的博格达主峰，海拔达5445米。主峰左右又有两峰肩连。抬头远眺，三峰并起，突兀插云，状如笔架。峰顶的冰川积雪，闪烁着皑皑银光，与天池瓦蓝澄碧的湖水相映成趣，构成了这个高山平湖绰约多姿的自然景观。

天池属冰喷湖。第四纪以来全球气候有过多次剧烈的冷暖运动，远在20万年前，地球第三次气候转冷，冰期来临，天池地区发育了颇为壮观的山谷冰川。冰川挟带着砾石，循山谷缓慢下移，强烈地挫磨刨蚀着冰床。

天山天池

对山谷进行挖掘、雕琢，形成了多种冰蚀地形，天池谷遂成为巨大的冰窖，其冰舌前端则因挤压、消融，融水下泄，所挟带的岩屑巨砾逐渐停积下来，成为横拦谷地的终啧巨拢。其后气候转暖，冰川消退，这里便储水成湖。它就是今日的天山天池。

据史籍记载，自宋至清，天池曾有冰池、龙湫、龙潭、神池等名称，但史籍中很少有关于天池真实面貌的记述，实际上古代的人们也很难到达天池。在封建时代的大官员中，真正亲临天池，而且第一次为天池命名的是200年前任乌鲁木齐都统大臣的明亮。他于清乾隆四十八年（1783年）亲率骑从，攀上了博格达山，找到了天池，并凿开泄水口，引水下山，灌溉农田。他在记述此事的《灵山天池疏凿水渠碑记》中，借"见神池浩淼，如天镜浮空"一句的天池二字命名此湖。

在一些描绘天池的游记、诗文中，往往引用3000年前的古书《穆天子传》已载的神话，把天山天池作为西王母宴请周穆王的昆仑仙境"瑶池"，显然是不够确切的。不过，一些诗文借用古代神话和民间传说，为天池的神奇刻意渲染，说天池就是王母娘娘的沐浴池，小天池就是王母娘娘的脚盆，听来倒是蛮有风趣的。

环绕着天池的群山，还是一座资源丰富的"百宝山"，这里有牛羊肥壮的牧场；伐木丁丁的林场；人工养殖的鹿宛；雪线上生长着雪莲、雪鸡；松林里出没着狍子；遍地长着蘑菇，还有党参、贝母等药材；山壑中有珍禽异兽；湖区中有鱼群水鸟；众峰之巅有现代冰川；群山之下埋藏有铜、铁、云母等多种矿物。天池一带如此丰富的资源和奇特的自然景观，对于热衷于野外考察的生物、地质、地理工作者们，具有魅人的吸引力。

 ## 马尼亚拉湖

位于坦桑尼亚的马尼亚拉湖，聚集着世界上种类最多、数量最大的鸟类。这种地球上最为原始，也最为昌盛的族类在这里欢喜地繁衍，占据这里的大地、湖水，还有天空。

马尼亚拉湖风景秀丽，碧蓝蓝的湖水边上是苍翠的林木，天空和湖水一样湛蓝，如果要为自然景观作大幅静物写生的话，这里是再适合不过的了。有人做过调查统计，常年停留在这里的鸟类有350余种，火烈鸟、锤头鹳、黄嘴鹳、埃及鹅、鱼狗、鹈鹕，叫得上名字和叫不上名字的，不一而足。

这样为数众多的鸟儿聚集在一起，一起飞，一起落，该是何等壮观的场面！在被夕阳的余晖渲染得艳丽的傍晚，火烈鸟的翅膀汇集成一片比霞光还要红艳的云幕，从东面移动到西面，从天上飘落到湖滨、地上，轰轰烈烈好不热闹。

锤头鹳是一种体形中等、羽色朴素的涉禽，却有一个与它的身材不太相称的大脑袋，看上去像一把不折不扣的锤头，尤其是在它聚精会神地啄食的时候。黄昏是锤头鹳出没活动的集中时刻，在马尼亚拉夜幕刚落却不见华灯的时候，它们散落在湖边泥沼里觅食涉行。它

鹈鹕

们用脚不停地翻动身下的泥泞，寻找任何可以作为食料的活物。

鹈鹕是马尼亚拉湖区最出色的"渔人"，本领和智慧都堪称高超。它们有一个大的喉囊，喉囊的内部构造有些像一面网子，借助这样的网子，可以从容地过滤水里的小鱼和小虾，疏而不漏。捕鱼是鹈鹕的集体项目，这些平时看似松散的水禽在此时整合成一个协同作战的编队，它们把鱼群赶向一个易于捕捞的浅水区域，然后由其中一批开始收鱼，另外一批负责撒网，之后盾再交换工作，直到大家都吃饱为止。

三色湖

三色湖位于印度尼西亚努沙登加拉群岛的弗洛勒斯岛上的克利穆图火

山山巅，距英德市 60 千米。按水面颜色，三色湖分左湖、右湖、后湖 3 个部分：左湖湖水艳红，右湖湖水碧绿，后湖湖水淡清。三色湖是由 3 个火山湖组成的，它们彼此相邻，湖水艳红的左湖是最大的一个，直径约 400 米，水深达 60 米。其他两湖的直径都在 200 米左右。

三色湖原是克利穆图火山很久以前爆发所形成的火山口（克利穆图火山是死火山），长期以来，这 3 个死火山口终于积水成湖，它们的湖水之所以颜色各异，是因为里面含有不同的矿物质。呈艳红色的湖水中含有大量的铁矿物质，呈碧绿和淡青色的湖水中含有丰富的

三色湖

硫黄。不过可能是其矿物质成分变化的原因，三色湖在 20 世纪曾有多次颜色变化。30 年代时和现在的一样，到 60 年代曾变为咖啡色、棕红色和蓝色。有一段时间，还曾变为黑色、绛紫色和蓝色。

一天之内，三色湖及其周围的景象也有多次变化。每到中午，湖面上便有轻雾缭绕，徐徐而动，空灵犹如仙境。但是一到下午，整个湖面上乌云翻滚，加上从三色湖随风吹至的阵阵刺鼻的硫黄气味，令人不寒而栗，仿佛置身于另一个世界。

在三色湖周围地区，流传着这样一个传说：很久以前在克利穆图火山脚下，有一对年轻恋人发誓要结为夫妻，但遭到双方父母的反对。他们来到充满神秘色彩的三色湖畔，投入到呈艳红色的湖水中，双双身亡。因此，现在当地居民每逢佳节都将丰盛的祭品投到湖里，祈求天神保佑那对忠贞的恋人。

三色湖是湖类中的"变色龙"，它们每隔若干年就改变一次颜色，向人们展示着大自然的多彩与诡异。

沥青湖

1595 年，当英国探险家沃尔特·雷利爵士登上西印度群岛的特立尼达岛屿时，成了第一个获悉"沥青之地"的欧洲人，那里有着大量的沥青。如今我们知道这是特立尼达的沥青湖，一个神秘而有着极大吸引力的地方，可能是世界上最大的沥青储藏地。

沥青湖占地 44 万平方米，深约 82 米。它是 5000 万年前由海底生物腐残余物质所形成的。这些残余物分解成碳氢化合物，渗入岩石中，随后地壳运动使它们抬升至地球表面。受太阳热烤后，其质地变硬，人可以在上面行走。沥青湖的湖面看上去像一系列黑暗灰色的褶皱，褶皱之间的低洼地逢下雨时便成了集水的水塘。沥青湖时刻在移动，因为沥青不断从中部向周边溢流，偶尔发出"扑通"声和气体受力外逸时气泡的"噗噗"声。

特立尼达沥青湖已开采 100 多年了，但并没有迹象它已枯竭，因为新的沥青又不断渗入并填满开采沟槽。

当地一层层的石灰、砂石、黏土都是经由溪流的冲刷而来，这些岩层

沥青湖

覆盖了许多富含石油的古老海洋沉积岩。地壳的运动将较古老的岩层挤压与叠复，而地心中的热量与压力将岩层中的原油向上推挤，再经由砂石层而到地表。这种原油往地表渗漏的现象，从数百万年前到现在一直持续着。油质中质量较轻的成分容易挥发，而留下来的就是非常黏稠的焦油沥青。

大量的沥青聚集形成湖泊状。而表面上经常有树叶或尘土覆盖其上；有时下了一阵急雨，乌亮的沥青湖面上汇聚了一滩清水，而一座天然的大陷阱就这样形成了。无数的动物或因路过、或因玩耍、或因喝水解渴，一不小心而身受沥青黏附，一旦使劲挣扎则越陷越深而无法自拔，这时捕食者（野狼、剑齿虎、鹰）见机不可失，也纷纷蜂拥而上，争相猎捕，却没有想到自己也陷入其中，葬身于沥青湖泊中。

到了冬天，低温使得沥青变得坚硬，雨水也夹带大量的泥沙沉积，沉积物将夏季里被沥青所黏附住的动植物残骸覆盖了起来，当下一个夏季来临时，黏稠的沥青湖泊陷阱再度形成，无数的动物又再陷入其中。

如此经过了数千年，在这地层下的动植残骸就累积了一层又一层，并且形成了化石。目前已知在这沥青层中的动植物残骸种类超过了500种，数量更是数以万计，成为古生物学家眼中的绝佳宝藏，同时提供了了解当时生命与环境状况的绝佳线索。例如在沥青层中所发掘出来无数的美洲野牛化石，由其下颚牙齿数目与磨损情形，可判断其年龄大致在4~6月大，或是14~16月大，或是26~30月大。也就是说每一群体的年龄相差约12个月（一年）。这样的结果可以进一步推测当时的野牛就如同现代的美洲野牛般，在每年固定的季节出生，而且这群野牛在每年的春末会迁徙至洛杉矶沥青湖泊一带。相信在这化石宝库之中，还蕴含着丰富的线索与答案，正等待着我们去发掘。

埃尔湖

埃尔湖位于澳大利亚的中部平原上，面积约为8200平方千米。由于澳大利亚中部平原本身海拔不到200米，而埃尔湖的湖面又低于海平面约16

米，这里遂成为澳大利亚的最低点。

埃尔湖分南、北两湖，南湖较小，北湖较大。两湖由 15 千米长的戈地亚渠连接。下雨时雨水从远处的山上流入干涸的河道，大部分的水沿途蒸发掉或渗入沙中。若雨下得很大，有些水最终可以流到埃尔湖，流程长达 1000 千米。只有在雨水很多的年头，水才流经戈地亚渠。

埃尔湖四周是一片晒干的土地：北面是辛普森沙漠；东西两面是布满圆丘和风刻石的平原，很难通过；南面是一串盐湖和干涸的盐洼，几乎见不到水的踪迹，常有海市蜃楼出现。

埃尔湖

1839 年，25 岁的埃尔从阿德莱德出发，希望成为第一个从南到北穿越澳大利亚的欧洲人，但是并未成功。1840 年，他再次尝试，终于到达了现在以他的姓氏命名的埃尔湖。当时湖水虽已干涸，但湖底的淤泥使他无法继续前进。

1860 年，一个勘探队来到这里，发现这个干涸了的湖盆中蓄满了水，成为一个大盐湖。第二年，勘探队又来到这里，准备将湖泊范围测绘出来，谁知道它又消失不见了。1922 年，哈里根从空中测绘了埃尔湖，发现北湖有水。但是次年他徒步到湖边时，看到水少得只能勉强浮起一艘小船。

目前已经查明埃尔湖确实是咸水湖，但它又会变成广阔的淡水湖，只是每 8 ~ 10 年才会出现一次，而每隔 3 年，埃尔湖又干涸一次。这种定期循环已经持续了约 20 万年。偶尔会连续两个夏季下暴雨。只有前一年的雨水浸透到地下，第二年的雨水从山上流下，地面的吸水量较少时，埃尔湖才可注满。

只要有水，埃尔湖总会显得生机勃勃。光秃秃的湖岸这时便会繁花似锦，长满雏菊和野蛇麻草等植物。艳红色的斯图特沙漠豌豆等植物会突然抽出芽来，迅速开花结子，赶在水分消失前完成其生命循环。雨水也使藻类复苏，使埋在泥中的虾卵迅速孵化。不久鸟儿飞来，其中有野鸭、反嘴鹬、鸬鹚、鸥等，有些是飞越半个澳大利亚大陆前来的，它们觅食河里的鱼虾。鹈鹕和长脚鹬在湖边造窝繁殖，一片喧闹，有时鸟窝竟多达数万个。埃尔湖在此时变成了热闹的场所。

但在来水中断后，湖水在高温下很快蒸发，盐分逐渐增加。各种动物都要争分夺秒，雏鸟须在湖水干涸之前成长，学会飞行，因为一旦湖水干涸食物缺乏，成鸟就会离开，把羽翼未丰的幼鸟弃下不顾。淡水鱼无法逃生，只能死在咸水中。最后，埃尔湖再一次彻底干涸，在湖底淤泥上盖着一层硬硬的盐壳，一片荒凉，只能等待着新的雨季带来生机。

伊其克乌尔湖

伊其克乌尔湖和沼泽是成百上千种候鸟，如鸭子、鹅、鹳、火烈鸟等迁徙移居的中转站，它们在这里觅食筑巢。伊其克乌尔湖还是最后一个延伸至整个北非的湖泊。

1980年12月批准建立伊其克乌尔国家公园，它位于突尼斯马特尔平原

伊其克乌尔国家公园

地区，比塞大西南约 25 千米，马特尔以北 15 千米，突尼斯比塞大行政区北部，地中海海岸西南约 30 千米处。有公路直通公园入口。公园是迁徙水禽的主要冬季栖息地之一，数以十万计的鸭、雁和其他鸟类在伊其克乌尔湖度过冬季。遗憾的是，上游的两座水坝大大减少了入湖的淡水。造成盐度提高，导致鸟类赖以生存的许多植物灭绝，迫使鸟类迁往他乡。

公园占地面积为 126 平方千米。湖水面积随季节而变，最少时 108 平方千米，雨季最大时达到 126 平方千米。海拔高度介于 1.5 米到 511 米（湖底到山顶）之间。

公园由林木茂盛的伊其克乌尔山和咸水湖（伊其克乌尔湖）组成，湖水通往大海。山林地带约有 14 平方千米，湖面 85 平方千米，其余是沼泽地。伊其克乌尔湖经过比塞大湖通向大海，因此被划分为海洋性湿地，西面和南面的几条河流为公园提供淡水。这些水源在夏季枯竭，没有淡水来源，加上高度蒸发，整个湖面水位下降。又由于海水的注入，含盐度上升，伊其克乌尔湖 7—10 月含盐度最高，为 3.8 克每立方厘米。秋雨来临后淡水得到补充，含盐度下降至 1.7 克每立方厘米。伊其克乌尔山由三叠纪和侏罗纪岩层构成，主要是变质石灰岩。西南山坡采石场中，侏罗纪石灰岩和沉积矿床都裸露出地面。沼泽地由第四纪沉积岩组成。

具有典型的地中海半干旱型植被。公园内山和丘陵被茂密的乳香黄连木、油橄榄、非丽、穗拔葜所覆盖。东南坡是乳香黄连木和野橄榄等常绿高灌木、常绿矮灌木、常绿高灌木与等优势种的大戟组成的稀疏群落。北坡生长的是腓尼基桧。山上的其他灌木有长角豆、方樱柏、柑橘。多种北突尼斯植物中包括：香科植物、隐花草。沼泽地植物分成几个地区：沼泽水塘和开阔水面生长着篦齿眼子菜、角果藻、水马齿、川蔓藻；湖的最西部篦齿眼子菜生长极茂盛，可以作为大群水禽的食物来源；湖边窄窄地长了一圈芦苇，离开湖岸的地方主要是蔗草、灯心草；沼泽地还长有突尼斯不常见的毛茛；较为干旱地区和排水良好的山脊上生长着大麦、毒麦、野胡萝卜、欧洲夹竹桃和枣。

由于自然环境变化多样，造成公园内动物群落多种多样。例如，虽然含盐沼泽边缘的无脊椎动物属于淡水形，主要的无脊椎动物却是典型的海水型。湖中繁密的眼子菜蕴藏着大量的动物种群。有沙蚕属动物、钩虾、螺蠃蜇、觿螺、蛤、蟹。主要鱼类有鲻鱼、海鲈、鲅、芬塔西鲱。浅水区常见鱼类有条纹秘鲔。沼泽和湖中可以发现爬行类的湖蛙和水龟。

伊其克乌尔湿地是整个地中海地区古北区水禽最重要的越冬栖息地之一。一次记录到的鸟类多达 30～40 万只。记录在案的种类超过 185 种，数量最大的种群是肉垂雉（3.9 万只）、红头潜鸭（12 万只）、骨顶鸡（3.6 万只）。大群的骨顶鸡和灰雁（700～3200 只）表明伊其克乌尔是这些鸟类在马格里布地区的最重要越冬地。其余发现的鸟类有绿头鸭，大量绿翅鸭、针尾鸭、琵嘴鸭、黑翅长脚鹬、靴雕、游隼、白头鹞、领燕鸻，大量的白尾鹞、芦苇莺，候鸟白鹳、黑鹳等。紫水鸡在茂密的芦苇丛中哺育后代。伊其克乌尔的哺乳动物不超过 10 种，最常见的是水獭。有大量的野猪、麝猫以及少量豪猪、獴、野水牛。

数世纪以来，伊其克乌尔一直作为国家狩猎保留地。这里的野牛据说有两个来源：一是从意大利引进；一是迦太基时代就有并且繁衍至今，后来被作为狩猎动物保护起来。

飞流直下的瀑布

 黄果树瀑布

黄果树瀑布，是中国最大的瀑布，也是世界最壮观的大瀑布之一。它位于贵阳以西 150 千米的白水河上。黄果树瀑布落差 74 米，宽 81 米，河水从断崖顶端凌空飞流而下，倾入崖下的犀牛潭中，势如翻江倒海。瀑布水石相激，腾起一片水雾，发出震天巨响，十里之外即闻其声，如千人击鼓，万马奔腾，使人惊心动魄。迷蒙的细雾在阳光的照射下，又化作一道道彩虹，幻影绰绰，奇妙无穷。

黄果树瀑布群，是以著名的黄果树瀑布为中心的一个瀑布群体，由姿态各异的十几个地面瀑布和地下瀑布组成。瀑布群集中分布在约 450 平方千米区域内的贵州北盘江支流打邦河、白水河、灞陵河和王二河上。

黄果树瀑布群形成于典型的亚热带岩溶地区，统称"岩溶瀑布"。科学工作者经过考察把它们分为两种类型，即以黄果树大瀑布为代表的河流袭夺型瀑布，以关脚峡瀑布为代表的断裂切割型瀑布。黄果树瀑布群被称为"岩溶瀑布博物馆"。

黄果树瀑布群由于分布在岩溶洞穴、明河暗湖中，构成"瀑布成群、洞穴成串、星潭棋布、奇峰汇聚"的世界罕见自然景观。黄果树瀑布群按地理位置和河流体系可划分为五大片区，即黄果树中心区、灞陵河区、天星桥区、关脚峡区和龙潭暗湖区。滴水滩瀑布位于灞陵河上游，距黄果树瀑布以西 1000 米。它是灞陵河上的一个支流突然坠落而成，由七级组成，总高达 410 米。最后一级为高滩瀑布，宽 63 米，高达 130 米，是瀑布群内最高的瀑布。雪白的瀑布飞流直下如一匹白练，与两旁黛青色山岩上的苔藓相互映衬，别具风格。天星桥瀑布区位于黄果树大瀑布下游 6000 米处，这里是石、树、水的美妙结合。

黄果树大瀑布

黄果树瀑布中心区位于贵州省镇宁、关岭两县境内北盘江支流、打帮河上游的白水河和灞陵河上。数百年前明代著名地理学家徐霞客游至黄果树瀑布时曾这样描述：水自"溪上石漫顶而下"，"万练飞空"，"捣珠崩玉，飞沫反涌，如烟雾腾空，势甚雄伟，所谓珠帘钩不卷，匹练挂遥峰，俱不足以拟其壮也"。黄果树瀑布的水，随季节变换出种种迷人奇观。冬春季节水小时，瀑布铺展在整个崖壁上，不失其"阔而大"的气势，人们赞美它如银丝飘洒，豪放不失秀美；秋、夏水大时，如银河倾泻，奔腾浩荡，势不可挡，瀑布激起的水雾，飞溅一百多米高，飘洒在黄果树街上，又有"银雨洒金街"的美称。

在正面看黄果树瀑布，景色壮丽，而在瀑布背后的洞穴里观瀑，却又是另一番景象。人们早知道瀑布背后的山腰上有洞穴，并称之为水帘洞。全国很多地方都有水帘洞，但像黄果树这样的水帘洞却是绝无仅有。水帘洞长达 134 米，内有六个洞窗、五个洞厅和三股洞泉。在水帘洞里看彩虹，给人一种奇妙的感觉。而且从每个洞窗看，各有不同的景象。只要是晴天，上午 9~11 点之间，在瀑布前一般都能看到彩虹，有时还可以看到"双彩虹"，前面一道长，后面一道短；前面一道色彩浓，后面一道色彩淡。黄果树这个地区除瀑布以外，还有许多奇特的洞穴。这些洞穴中堆积了千姿百态的滴石、边石，构成了一个奇妙的洞穴世界。

维多利亚瀑布

　　维多利亚瀑布位于非洲南部赞比西河中游的巴托卡峡谷区，地跨赞比亚和津巴布韦两国。维多利亚瀑布是世界最大的瀑布。瀑布落差106米，宽约1800米，瀑布带所在的巴托卡峡谷绵延长达130千米，共有七道峡谷，蜿蜒曲折，成"之"字形，是罕见的天堑。在离瀑布40~65千米处，人们可看到升入300米高空如云般的水雾；在未见到瀑布前的远方，就能听到水的轰鸣声。当地称该瀑布为"莫西奥图尼亚"，意思是"雷鸣之烟"。

　　赞比亚的中部高原是一片300米厚的玄武熔岩。熔岩于两亿年前的火山活动中喷出，那时还没有赞比西河，熔岩冷却凝固，出现格状的裂缝，这些裂缝被松软的物质填满，形成一片大致平整的岩席。约在五十多万年前，赞比西河流过高原，河水流进裂缝，冲刷裂缝的松软填料，形成深沟。河水不断涌入，激荡轰鸣，直至在较低的边缘处找到溢出口，注进一个峡谷。第一道瀑布就是这样形成的。这一过程并没有就此结束，在瀑布口下泻的河水逐渐把岩石边缘最脆弱的地方冲刷掉。河水不断地侵蚀断层，把河床向上游深切，形成与原来峡谷成斜角的新峡谷。河流一步步往后斜切，遇到另一条东西走向的裂缝，把里面的松软填料冲刷掉。整条河流沿着格状裂缝往后冲刷，在瀑布下游形成"之"字形峡谷网。

　　赞比西河接近瀑布时，河水在巴托卡峡谷突然折转向南，从悬崖边缘下泻，形成一条长长的白练，以无法想像的磅礴之势翻腾怒吼，飞泻至狭窄嶙峋的陡峭深谷中。整个瀑布被巴托卡峡谷上端水面的四个岛屿划分为五段。最西一段被称为魔鬼

维多利亚瀑布

瀑布，此瀑布以排山倒海之势，直落深谷，轰鸣声震耳欲聋。该地段宽度只有三十多米，水流湍急，即使旱季也不减其气势。与魔鬼瀑布相邻的是主瀑布，流量最大，高约93米，中间有一条缝隙。主瀑布东边是南玛卡布瓦岛，旧名利文斯敦岛，因当年英国传教士利文斯敦乘独木舟到达此岛而得名。而南玛卡布瓦岛东边的一段瀑布被称作"马蹄瀑布"。再往东去，是维多利亚大瀑布的最高段，在此段峡谷之间，水雾飞溅，经常会出现绚丽的七色彩虹，被称为"彩虹瀑布"。维多利亚大瀑布最东面的是"东瀑布"，它在旱季时往往是陡崖峭壁，雨季才挂满千万条素练般的瀑布。大瀑布的第一道峡谷东侧，有一条南北走向的峡谷，峡谷宽仅六十多米。整个赞比西河的巨流就从这个峡谷中翻滚呼啸狂奔而出。峡谷的终点，被称作"沸腾锅"，这里的河水宛如沸腾的怒涛，在天然的"大锅"中翻滚咆哮，水沫腾空达300米高。

峡谷东部有处景观叫"刀尖角"，是突出于峡谷之中的三角形半岛，该地中途骤然收窄，直至成刀尖点。从刀尖角到对岸有三十多米的间隔，在1969年建有一座宽2米的小铁桥用来沟通峡谷两岸。铁桥飞架在急流之上，名叫"刀刃桥"。这是一处令人心惊胆战的最佳观景点。漫天的巨涛从前面扑来，万丈巨崖都在抖动，不但壮丽，而且震撼人心。

居住在维多利亚瀑布附近的科鲁鲁族人，非常惧怕维多利亚瀑布，从不敢走近它。邻近的汤加族人则视瀑布为神物，把彩虹视为神的化身。他们每年都在东瀑布举行仪式，宰杀黑牛祭神。

 ## 尼亚加拉瀑布

尼亚加拉瀑布是世界知名的三大瀑布之一。"尼亚加拉"在印第安语中意为"雷神之水"。印第安人认为瀑布的轰鸣就是雷神说话的声音，因为瀑布巨大的水流以银河倾倒、万马奔腾之势直捣河谷，咆哮呼啸，如阵阵闷雷，声及数里之外。尼亚加拉河左濒加拿大，右接美国，从伊利湖蜿蜒流向安大略湖，全长54千米。上游地势平坦，水流缓慢，及至中游，河面陡落51米，河水在此垂直下泻，形成巨瀑，这就是著名的天下奇观——尼亚加拉瀑布。

尼亚加拉瀑布宽 1240 米，平均落差 55 米，最大流量达每秒 6000 立方米，将近黄河水量的 3 倍。伊利湖水流入比它低 100 多米的安大略湖，途经地表石灰岩断层形成巨大的落差，造就了尼亚加拉瀑布奇观。据科学家考证，尼亚加拉瀑布已经有一万多年的历史。参观尼亚加拉瀑布最好的时间是每年 7~9 月，因为这时的水量最大。

伊利湖水经过河床绝壁上的山羊岛，被分隔成两部分，分别流入美国和加拿大，形成大小两个瀑布。小瀑布称为"美国瀑布"，在美国境内，高达 58 米，瀑布的岸长达 320 米。大瀑布称为"加拿大瀑布"或"马蹄瀑布"，形状有如马蹄，在加拿大境内，高达 56 米，岸长 670 米。

尼亚加拉瀑布

小瀑布因其极为宽广细致，很像一层新娘的面纱，故又称为"新娘面纱瀑布"。由于湖底是凹凸不平的岩石，因此水流呈漩涡状落下，与垂直而下的马蹄瀑布大不相同。这里也成为了情侣幽会和新婚夫妇度蜜月的胜地。

马蹄瀑布水量极大，水从 50 多米的高处直接落下，气势有如雷霆万钧，溅起的浪花和水汽，有时高达 100 多米，当阳光灿烂时，便会营造出一座美丽的七色彩虹。人稍微站得近些，便会被浪花溅得全身是水。若有大风吹过，水花可溅得更远，如同下雨一般。冬天，瀑布表面会结成一层薄薄的冰。只有在这时，瀑布才会寂静下来。

在尼亚加拉大瀑布下面有一座同名博物馆。据说尼亚加拉大瀑布博物馆是北美最早的博物馆。1819 年美、加在此划定边界后，1828 年英国收藏家就在这里建立了这座博物馆。1998 年，该馆拍卖了其他藏品，只留下尼亚加拉大瀑布的有关文物和资料，展出规模也因此缩小了。博物馆的陈列向人们展示了一万二千多年前这个大瀑布形成的地质历史，以及对瀑布的开发和参观游览盛况。许多艺术照片真实地再现了每秒 7000 立方米的流量从千余米宽的崖岸上跌落下来的人间奇景。这个袖珍型的博物馆陈列可以说应有尽有。

 ## 伊瓜苏瀑布

伊瓜苏国家公园处于玄武岩地带，高 82 米。直径 2700 米，跨越阿根廷和巴西国界，世界上最壮观的瀑布之一就位于这个地区的中心。许多小瀑布成片排开，层叠而下，激起巨大的水花。周围生长着 200 多种维管植物的亚热带雨林，是南美洲有代表性的野生动物貘、食蚁动物、吼猴、虎猫、美洲虎和大鳄鱼的快乐家园。

"伊瓜苏"在当地印第安人的瓜拉尼语中意为"大水"。伊瓜苏瀑布位于阿根廷北部和巴西交界处、伊瓜苏河下游，距伊瓜苏河与巴拉那河汇流点约 23 千米。伊瓜苏河发源于巴西南部，沿途汇集了大溪小流，穿过维多利亚山口，以雷霆万钧之势朝巴西和阿根廷交界的平原奔腾。在伊瓜苏突然受到阿古斯丁岛的抑制，河道为之铺宽达 3 千米，形成一个水深仅 1 米左右的湖面，湖水流到绝壁时，飞泻成一大瀑布群。

伊瓜苏瀑布呈弧形，平均落差 72 米，共有 275 股大大小小的瀑布，组合成三大瀑布群，平均流量每秒 1750 多立方米，雨季流量每秒达 1.27 万立方米。最高、最壮观的瀑布群名叫"鬼喉瀑"，位于正中。因该瀑布在泻入深渊时发出的轰鸣声加上深渊内震耳欲聋的回声令人惊心动魄，故而得此怪名。

北翼的瀑布群在巴西境内，是两层平台组成的大小瀑。南翼的瀑布群则在阿根廷境内，是两组双层的瀑布群。汛期时，三大瀑布群连成一道垂挂于峭壁之上的天幕，水天一色。当阳光照射到水雾上时，四周就会映现出一条条五彩缤纷的彩虹，景色极其壮观。伊瓜苏瀑布地处热带季风气候区，每年 11 月到次年 3 月为雨季，这时伊瓜苏河水位猛涨，每秒平均达 1 万多立方米的巨大流量覆盖崖壁，共同汇成一道半圆形水幕，狂泻而下，其声势之浩大，如万马奔腾。

阿根廷和巴西在瀑布的南、北两侧分别建有国家公园。阿根廷所建的公园称伊瓜苏国家公园，面积达 550 平方千米。公园里森林、沼泽广布。野猪、山猫、猿猴等动物出没其间。每年 8 ~ 11 月是游览的最好季节。

伊瓜苏瀑布

巴西在瀑布周围所设国家公园，面积达 1700 平方千米，园内多野生动物，是巴西最大的森林保护区。公园内设有自然博物馆，还设有瀑布旅馆，游客住在瀑布旅馆里，不用出门，即可俯瞰伊瓜苏瀑布全貌。

在阿根廷游览瀑布，有两条旅游线路，可以看到瀑布的不同景象。一路称上路，即阿根廷在瀑布上游修有一座绿色栏杆小桥，长 3000 米，桥面蜿蜒曲折，可达瀑布边缘，游人站在桥上，凭栏俯视，可以看见伊瓜苏河注入巴拉那河的壮观景象；另一路以观魔鬼峡瀑布为主，这一段瀑布像一把张开的折扇，在它跌落山谷以后，就成为一条狭窄湍急的河道，而这段河道就是阿根廷和巴西两国的国界。在阿根廷境内有米特莱、贝尔格拉诺等 4 条瀑布，在巴西境内有费洛里亚诺等 5 条瀑布。9 条瀑布凌空倾泻，下赴绝涧。每当晴空万里、阳光灿烂之际，光线投射到瀑布上，变幻为彩虹万道，使整个山谷变成一个仙国梦境。

巧夺天工的建筑

 ## 福建土楼

　　福建土楼主要分布有闽西、闽南的永定、南靖一带。早在1900多年前，中原一带历经变乱，举族南迁的客家人，几经辗转，来到闽西闽南一带的山区。为避免外来冲击，他们不得不恃山经营，聚族而居。用当地的生土、砂石、木片建成单屋，继而连成大屋，进而垒起厚重封闭的土楼。楼内凿有水井，备有粮仓，如遇战乱、匪盗，大门一关，自成一体，万一被围也可数月之内粮水不断。加上冬暖夏凉、防震抗风的特点，土楼成了客家人代代相袭，繁衍生息的住宅。

　　福建土楼主要有方楼、圆楼、五凤楼（即三堂屋）三种。方楼与圆楼主要分布在南靖县、平和县、诏安县的西部和永定县的东部山区。在多数山村圆楼都是与方楼并存。因此研究圆楼的成因自然要涉及它与方楼的关系。究竟是"先方后圆"还是"先圆后方"？目前的结论：对客家人来说土楼是先有方楼，后有圆楼。五凤楼集中在永定县。

　　方楼是对单一或几面直墙组成的四方形土楼的俗称。它一般内里挑廊，正面开设大门。四角设以楼梯。单一的土楼比较简单，规模也比较小。但由多组墙面组成的"方楼"却非常宽敞壮观。除内部结构堂皇复杂外，往往还在正面大门外铺成前院。这种楼屋的代表是福建永定县湖坑镇西村的"振福楼"。它建于1913年，占地400余平方米，外环3层，有96间房：山顶为梁式结构，内环单层，砖木结构；设主厅，前为环形厢房，楼外两侧为条丝烟作坊，土木结构的二层已废。东侧的学堂、游艺场已废；楼内还有水井两口，楼外有花园、鱼塘和晒坪，整座建筑如同西方豪门的花园别墅，构筑十分巧妙而又精致。

福建土楼

圆楼有单圈建筑和多圈建筑两种。前者是指只有单一圆形楼屋组成的土楼，一般规模较小，只能容一二十户住家。楼高二至三层为多，永定县洪坑村的"如升楼"是其代表作，该楼直径为7米。共400个房间，住60余户，400余人。后者则指由多重圆形楼屋共一圆心组成的土楼。圈多者达四圈，一般外圈高，内圈低。每圈之间由天井分隔，中间是一座圆形或方形厅堂。最大的圆楼是永定县大竹乡高头村的"承启楼"，直径达73米，全楼三圈四层。永定县的"如升楼"怕是圆楼中最小的了，共12层12间房，住6户人家。最古老的圆楼要数华安县沙建乡的"齐天楼"，有600多年的历史，此楼大门朝南日"生门"，嫁娶由此进，西门日"死门"，殡葬由此出，是一奇特风俗。云霄县深土乡东平村，当地人称之为"八卦堡"，整个村子由五圈圆环构成，中心是完整的圆楼，外围四圈断断续续按八卦阵布局，环绕四周，体现了传统文化中向心力与凝聚力在客家人中潜移默化的影响。

福建南靖这片山清水秀、人杰地灵的大地上，成千上万像"地上长出的蘑菇"，似"天上掉下的飞碟"的古堡式建筑坐落在小溪旁、田野间、绿树掩映的山脚下，形成了独特的人文景观。这些建筑就是曾被美国中央情报局从卫星照片上发现的"导弹基地"、"隐匿核力量"，引起一阵惊恐，后来实地参观才证实是客家土楼。联合国教科文组织的人员考察后称赞说："这是世界上独一无二的神话般的山村建筑模式。"

南靖土楼可以追溯到元代中期，年代最久远的已有600余年的历史，现存200年以上的土楼就有130多座，它们以方形"四角楼"、圆柱形"圆寨"、靠背形"交椅楼"居多，还有伞形、扇形、曲尺形等造型各异、变幻多端的形状。

土楼可以说是客家人居住建筑文化中的奇特遗产，它主要的建筑材料是生土，掺上细红糖、竹片、木条，经反复揉、压及采用中国传统"大墙板"技术夯筑成一二米厚的楼墙，是外土内木结构的建筑。土楼的造型格局，不管是圆或方，均是封闭式的，只有一个大门可以出入。当土楼向人们敞开它古老而沉重的大门时，我们才惊诧于里面的世界：外观是城堡，里面是廊式，底层不开窗，作为厨房，二层为贮仓，三层以上才是卧室，楼内天井宽畅，设有聚会的大厅、水井、米碓和"嘹望台"。据说在那匪情不断的旧社会，遇有外敌入侵，全楼男丁只要守住大门，土楼可以长时间坚守住，全楼男女老少便可安然无恙。土楼就是一个小社会、小天地。

历史悠久的南靖土楼作为世界建筑瑰宝，它积淀着浓厚的地方文化色彩，无论建筑艺术、地理学还是风土民情都是值得专家、学者深入研究。

华松古堡

当朝鲜李氏王朝的皇帝崇周于18世纪迁都水原后，他依照当时颇具影响的军用建筑条例在四周修建了防御工程。

水原的华城，位于韩国西北部京畿道的南部，距首都汉城以南约40千米。水原原称"水源"，公元前57～公元668年水源被称为"绵红岗"，公元668～918年改称为"水原岗"，1271年又改称"水原"。

华松堡

古代这里是汉城防卫四镇之一，城墙建于1776～1800年的崇周王时代。为了使皇宫离父亲的陵墓更近些，崇周王将皇宫从汉城迁到这一地区。1789

年，为了方便皇宫的重建，水原城的市中心从华川脚下迁到泊道山，这样就为崇周王在城墙和皇宫修建完之前，前往永阳关的时候，提供了一个临时的住所。

华松堡于1794～1796年间建成，历时两年半，设计者为崇亚永。当时崇亚永在崇周皇帝创建的皇家图书馆工作，创建此图书馆的目的是为了促进学术研究。

为了建造华松堡，崇亚永广泛研究了朝鲜、中国和日本的古代城堡，充分利用当地的地形优势，以弥补原来设施的不足之处。

作为一处军事堡垒，崇亚永的设计相当富于才智。水原和其周围地区物产丰富、人口众多，与汉城之间交通便利，与中国也只隔着黄海。崇周开始时看来只是想通过繁荣水原的商业和制造业，使其发展成一个繁华的城市。但不久许多历史学家猜测：水原靠近崇周深爱的父亲的坟墓，同时又可以避开首都那些思想保守的大臣，进行他的政治改革。崇周皇帝很可能会把首都迁至水原。崇周皇帝下令将华川周围的居民迁至现在的水原城区，为此府库拿出了3750千克黄金，市民一律10年免除各种税收。各种基础设施，如官署、学校、工业设施相继建立起来。三年以后，崇周将水原定为首都，任命载济光为首任长官，载济光是一位资深官员。

华松堡于1794年2月由皇帝下令开始兴建。城堡不像以前那样只是在城镇的周围建上城墙，而是分散在附近的群山中，以便战时疏散当地居民。华松城堡建有各种各样的防御设施，如指挥所、哨楼、城垛、秘密通道和射箭台，所有的设施沿防御城墙而建。堡内有四处城门，分别朝着东、南、西、北四个方向。整个工事浩大，耗费了巨大的人力、物力、财力。

城墙最早被称为"华城"，于1794年开始修建，1796年完工。无论是设计，还是施工，水原城墙都称得上是朝鲜古代城墙建筑中最杰出的代表。城墙可以抵御长矛、弓箭、步枪、大炮的攻击。城堡共有48个军事设施，这些设施的设计也非常精妙。

除此之外，它还是当时世界上设计最科学的城堡，被称为"城堡之花"。暗门、水闸以及城堡的其他设施布局都很合理，可以有效地阻止敌人的进攻。有关修筑城堡的资料，都记录在城中心的碑文上。

华松堡占地 130 亩。周界原有 48 项军事设施，包括四个主城门、五个秘密通道、五处城垛、五处哨楼、两处水闸、四处角楼、一处灯塔、两处指挥所、两处射箭台和其他设施。其中七处已被洪水冲走或因年久失修而破烂不堪，一处主城门于 1950 年朝鲜战争期间被焚毁，1975 年重建。建造华松堡的整个过程被写在一本叫《华松堡建造记》的书里，1800 年崇周帝死后不久发表出来。书包括十卷，是朝鲜战争之后重建华松古堡的具有决定性的参考资料。

华松古堡与一位睿智的皇帝及其所进行的政治改革相关联，同时也是朝鲜建筑史上的一项杰作。

日光神殿

日本栃木县西北山脉连绵，群山起伏，日光市就在这群山环抱之中。日光市阳光充足，风景优美，以其优美的自然景观和美好的人文景观而成为国际有名的旅游城市。在日光西北的日光山内分布着大量的庙宇和神社，这些庙宇和神社内的雕刻与建筑，代表着日本江户时代雕刻与建筑最高艺术水平。

日光山内的庙宇神社建筑群可以概括为"两社一宫"，即日光东照宫、二荒山神社两处神社和轮王寺一宫，在这里具备日本国宝级别的殿堂、钟楼、鼓楼、山门等共 103 处之多，全都分布在日光山内中禅寺湖边。神宫与神社之间，神社与神社之间阜道相通，钟鼓相闻，建筑群整体上精工细雕，样式华美自然，都具有浓郁的江户时代风格，同时各庙宇又持有自己的风格与特色，相映相辉，具有极高的审美价值。

日光东照宫建于日本元和 3 年（1617 年），江户幕府的开创者德川加康死后，幕府的二代大将军秀忠根据加康的遗言，将他埋葬在日光山下，并着手修建了宫的正殿。当时的风格还比较简明朴素，到幕府三代大将军德川家光时，扩大建筑规模，才形成现在东照宫的样子。宫内共有 55 处的雕刻、绘画、阳明门等建筑物被指定为国宝级文化遗产。

坐落在宫门口的五重塔是由杉木建构的唐式宝塔，高 36 米。始为若狭藩主酒井忠胜所建，后因火而毁，又由其后人酒井忠进依原样重建。绕过五重塔，跨地过一道朱红色的门——正门，就进入到了东照宫内。宫内设有三神库、神厩房、御水房、经藏、本地堂、阳明门、唐门、坂下门神道建筑，还有回运灯笼，南蛮铁灯笼等神道器物。其中神厩房是由原始木料建成，朴素典雅，在他的木墙上雕刻着一群猴子，这些猴子三个一群两个一伙，有的蹲在树枝上远望，有的守在清水边凝听，或呼或戏或养神，活灵活现，具有极高艺术价值。

"两社一宫"的另一社是二荒山神社。早在东照宫修建之前，由于对二荒山的信仰，就在这里形成了一个举行祭山仪式的核心地区，延历9年（公元790年）。胜道上人在这里开始修建本宫神社，现存在殿内除了正殿等最为古老的建筑物外，化灯笼、大国殿等建筑物都是后来扩大的。明治时期，根据神佛分离的法令，这里改称为二荒山神社。社内著名景点有神乐殿、亲子杉、正殿、化灯笼、日枝神社、大国殿朋友神社、二荒灵泉等，被指定为国宝级文化财产有23处。在大国殿附近有一块巨大的圆石，是江户时代人们供奉在这里的自然石头，象征着健康和长寿。

日光山轮王寺，是日本天台宗三处发祥地之一。公元766年胜道上人始在这里结庵创社。现寺内设宝物殿、护法殿、紫云阁等处，环境幽雅，在寺外塑有胜道上人像。胜道上人是日光山内一代僧众的开山祖师，下

轮王寺

野国芳贺部人，7岁时应梦开始有志于佛道，27岁正式成为僧人，一生屡受挫折，但意志顽强。先后在日光山内创建了四本龙寺、中禅寺、本宫神，这些是现在"两社一宫"建筑群的最初发祥。如今他的塑像站在轮干寺外的岩石上，手持宝杖，眼向前方，目光坚定，依稀可见当年的风范。

日光的庙宇除了"两社一宫"，另外比较集中的还有分布在绿树浓荫内的大猷院灵庙。这里是祭祀德川幕府三代大将军家光的地方，整个建筑群分为仁王门、二天门、御水房、夜叉门、唐门等，因其在建筑艺术手法上集中了东照寺的细腻且另有发挥而闻名。轮王寺与大猷院灵庙两地共有38处建筑被指定为日本的国宝级重要文化遗产，也是日光山内庙宇不可分割的部分。

泰姬陵

泰姬陵坐落在印度阿格拉附近的亚穆纳河畔。它是世界最优雅、最富浪漫风格的建筑之一。

17世纪时，莫卧儿王国皇帝沙贾汗的宠后蒙泰吉·马哈尔于1629年去世。沙贾汗悲痛欲绝，决定建造一座陵墓来纪念她。陵墓于1632年开工，每天动用2万名工匠，到1643年左右才完成。而周围的附属建筑、清真寺以及围墙直到1650年才得以竣工。这对皇家夫妇的遗体葬在花园平地的墓穴内。

泰姬陵

泰姬陵用闪光的白色大理石建造而成，主建筑及4座祈祷塔建在10米高的平台上。陵墓的每一面都有33米高的拱门。穆斯林经典——《古兰经》的经文镶嵌在门廊的框上。陵墓的中央覆盖着一个大的穹顶。

泰姬陵是世界上完美艺术的典范。基本上由大理石建成的建筑毫无瑕疵，月光之下的泰姬陵更给人一种恍若仙境的感觉。她不仅表达了沙贾汗对爱妻的深切纪念，也是他给人类的一份厚礼。

沙贾汗曾经计划，用黑色大理石在亚穆纳河的另一侧为自己建造一座同泰姬陵一样的陵墓，但他未能实现这项计划。他的儿子篡夺政权并囚禁了他。1658年沙贾汗死后被埋葬在妻子的旁边。

泰姬陵是用从322千米外的采石场运来的大理石造的，但它原来却不是有些照片里的那种纯白色建筑。成千上万的宝石和半宝石镶嵌在大理石在表面，陵墓上的文字是用黑色大理石做的。阳光照射在围栏上时，它投下变化纷呈的影子。

从前曾有银制的门，上面镶嵌着几百个银钉。这些东西都已被劫走，现在的门是铜制的。里面有金制栏杆和一大块用珍珠穿成的布盖在皇后的衣冠冢上。窃贼们挖取镶嵌在大理石栏上的宝石，但泰姬陵的雄伟壮丽仍使人为之倾倒。

 ## 阿格拉古堡

阿格拉古堡，位于印度北方邦，距首都新德里以南约200千米。莫卧儿王朝第三世皇帝阿克巴（1556～1605年在位）征服了大半个北印度之后，力主伊斯兰教徒和印度教徒团结，以试想求国家的统一与稳定。这种倾向也反映到建筑上，融合了传统的印度建筑风格和外来的伊斯兰建筑风格，可称为印度"阿克巴风格"的独特的伊斯兰建筑文化诞生了。

红色阿格拉古堡，是17世纪重要的莫卧儿王朝纪念建筑，它是由红沙石建成的坚固堡垒，围墙长2.5千米，把莫卧儿统治者的皇宫围在中间。古堡里有许多宛如童话故事一样的宫殿，如沙贾汗修建的贾汗吉尔宫，或称卡斯宫，有凡·伊·卡斯会客厅和两座非常秀丽的清真寺。

阿格拉古堡是阿巴克大帝花费10年心血建起的一座极其奢华的宫殿。其孙子沙杰汗继位后，又增建了一些殿宇，使阿格拉古堡成为一座无比壮丽的皇家都城。红色砂岩建成的城墙绵延2.5千米，雄伟的阿格拉古堡俯视着雅母那河，古堡从阿克巴皇帝时开始动工，随后它发展成莫卧儿王朝几代王室的要塞。1983年被列入世界文化遗产目录。

整个古堡约有500座建筑，集印度教和伊斯兰教建筑艺术之大成，庄严而华丽。古堡之内有威严的觐见宫、恬静的观鱼院、精巧的珍珠清真寺等，亭台楼阁，令人目不暇接。其中最为华丽的是枢密宫，白色的大理石宫墙光彩照人，镀金的宫顶熠熠生辉，镶嵌宝石的柱子耀眼夺目。

最古老雄伟的城门是地尔费城门，在它之后是堡内的象门。幽雅的公共大厅始建于1628年的扎罕王朝，它全部由红色砂岩建成，三排白色的灰泥粉饰过的饰有孔雀图案的柱子托起大厅的平顶。先前，大厅里饰有织锦

阿格拉古堡

饰物、丝绸地毯、绸缎天蓬，国王就在这里与大臣们共商国事，而如今这些饰品已被掠夺一空。

阿格拉古堡内修有一处亭子，它主要是为吸收来自雅母那河上的凉风而修建的。其他名胜包括渔宫、皇家浴室、宝光清真寺，还有妇女用品市场，在这里宫内的妇女可以买到丝绸、珠宝、织锦等商品。穿过慈特门是建于1568年的私人会客厅，这是国王会见王公贵族、国外使节的地方。隐于西墙后的是天主清真寺，扎罕国王被囚古堡时曾在此寺祈祷。私人会客厅后的出口通向穆斯林宫，这是一座两层的亭子，扎罕国王临死前曾于此眺望整个城市。

后宫是国王的卧室，因此它的设计以舒适为准。后宫的墙上蜂巢状的结构是为了隔热而设计的，后宫的侧翼饰有两个金顶。古堡内的其他华丽的宫殿还有镜宫、扎罕宫、扎罕哥宫、阿可巴宫。这些建筑在设计风格上是混合型的，有些是典型的莫卧儿型，而其他建筑，如扎罕哥宫则是典型的印度设计风格。

现在的阿格拉城很少能看到阿克巴时期的遗迹。因为他的孙子，第五代皇帝沙贾汗（1628～1658年在位）拆毁或改建了大量阿克巴时代的建筑。

原本木结构的公谒殿改建成白色大理石造的大厅，围绕宽阔前庭的柱廊也被石头代替了。

伦敦的水晶宫

伦敦的水晶宫是有史以来最大的玻璃温室，人们都见过花园里用于种植花卉的玻璃温室或商业性的大型作物温室。但是，这些玻璃房都比不上水晶宫的规模。

水晶宫是为维多利亚女王的丈夫尔伯特亲王筹办展览会而建造的。展览会于1851年5～10月在伦敦举行。展览会期间，共有来自全世界的1400家参展商和600万参观者。

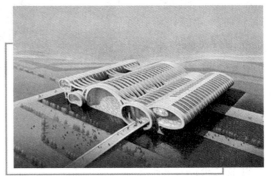

水晶宫

水晶宫由约瑟夫·帕克斯顿设计。这座建筑物之所以引人注目，不仅在于它巨大的规模，还因为它是一座用预制构件搭成的建筑，包括一个支撑明净玻璃墙的铁杆框。

后来，水晶宫迁到伦敦南部，被安置于精致的园林中。它仍然是有名的景点，附近的一条铁路运来伦敦的观光客。

展览会结束后，水晶宫被拆开运到伦敦南部，按照更精致的设计重新组装。它成为一个举行各种演出、展览会、音乐会和其他娱乐活动的场所。1936年11月30日晚，一场大火水晶宫几乎全部被毁，残垣断壁一直保留到1941年。

约瑟夫·帕克斯顿因这一水晶宫工程被封为爵士。他以建造铁和玻璃建筑而闻名。1840年他在查茨沃思设计了一座植物温室，附属于英国德比郡公爵的豪华别墅。1820年，帕克斯顿又在那里建造了另一座玻璃温室。用以养护公爵的珍稀花卉。

比萨斜塔

在一片宽阔的草坪上，坐落着闻名于世的比萨中央教堂广场，这里纪念碑、堂成群，其中有四件中世纪时的建筑杰作，那就是大教堂、洗礼室、钟楼（即斜塔）和墓地。这些建筑对意大利 11～14 世纪间的艺术产生了极大影响。

比萨城的著名斜塔实际是比萨大教堂的钟楼，是大教堂、钟楼、洗礼堂和墓地所组成的宏伟的整体的一部分。建于 1173 年的比萨斜塔看似一座违背引力的建筑，因伽利略在此"试验"万有引力的物理定律而久负盛名。如果塔是直立的，那很可能它的名声主要是限于艺术和建筑的史学家范围。但因建筑上的疏漏，塔的形象世人皆知。

洗礼堂是一座圆形的大理石建筑。始建于 12 世纪中期，采用罗马式建筑风格。但后来的一些工程采用了哥特式风格。布道坛可追溯到 1260 年，它上面的雕刻非凡绝伦，描绘了耶稣基督的一生。这座墓地被猜想是在 12 世纪末或 13 世纪初，用从髑

比萨斜塔

髅地装船运来的土堆建的。漂亮的哥特式的柱廊用湿壁画装饰。尽管画的主题是死亡的喜悦、地狱和最后判决，这个地方有一定宁静的吸引人的氛围。

斜塔高 54.5 米，铭文记载 1174 年动工建造斜塔，但因比萨日历较普通日期早一年，这样真正开工的年份应为 1173 年。最初的建筑师是邦纳诺·皮萨诺和因斯布鲁克城的威廉，但他们未能活着看到斜塔竣工，因为直至 14 世纪下半叶才有钟楼。一些人认为塔的倾斜是故意的，是大胆地展示建

筑师的技艺。这种看法简直不能令人信服。

更可信的是：设计者知道将在较软的地层造塔，是在他们的计划中，允许建造的地基可有一定的沉降幅度。看着今日的斜塔，体会攀登294级台阶时那种奇特的。把人拖往一侧而不知所措的感受，人们只能为斜塔依旧矗立的事实而感到惊奇。年复一年，倾斜的角度和对其未来的担忧与日俱增。20世纪斜塔偏离垂线4~3米，现在是4.6米。最近意大利政府批准一大笔拨款，以寻找解决办法。外观斜塔是圆形的，包括钟楼共八层。中间六层四周围着精致的连拱柱廊。据认为很可能是受拜占庭风格或伊斯兰教的影响。

伊斯兰教的建筑风格令世人饶有趣味。比萨教堂的独立钟楼，这一灵感是否来自穆斯林世界的光塔，谁也说不清楚。斜塔是作为比萨城大教堂的钟楼而建。建造时间是在1063年比萨人打败撒拉森人的巴勒莫海战后100年。大教堂的建筑风格系罗马式。在其红白大理石相间的外部镶边，可以再度发现伊斯兰教的影响。底层的外围是拱廊。雅致的入口处正面层层敞开的拱廊，一层叠一层，升至顶篷。中殿和耳堂相交处上方造型美观的穹顶是后来补建的。

1564年科学家伽利略诞生于比萨。据说他用斜塔做了个实验，以证明不管物体的重量如何，从塔顶垂落的物体加速度是一样的。毫无疑问，伽利略证实了这一点。但他是否是从斜塔上做了这项实验，就说不太准了。不过比萨斜塔也是一个可提供做引力实验的理想场所，尽管它本身就违反了引力。

罗森堡宫

1606年2月，克里斯钦安四世在哥本哈根东北面的城墙外购置了46块私人土地。他将这些土地联合起来建成了一个休闲花园（也就是后来的罗森堡宫花园）并在园中修建了一个亭子。这个两层楼高，顶部装有塔楼和旋顶的亭子于1607年建成。

1613~1624年，这个亭子不断被扩建并增加了很多附属建筑。在北面的"冬屋"中克里斯钦安四世悬挂了他从安特维普买来的75幅油画，该房间的布局至今未变。在"长厅"中曾被放置了24幅克里斯钦安用来教育子孙的油画。

早期的罗森堡宫在1634年定型。丹麦皇家的建筑大师斯腾温克尔在城堡的东面加建了一个塔楼。这个塔楼结构紧凑，四面封闭，布局合理；整个楼用的是荷兰在文艺复兴时期所惯用的红墙缀以灰色砂石的风格。整个城堡被一整条护城河围绕，北面的一座吊桥通向城堡的主入口，但通过城堡南面建在花园内的"绿桥"也可以离开城堡。

除了上述1634年建成的塔楼之外，城堡其他的建筑可能都是克里斯钦安四世设计的，并且很可能他监督了整个建筑的施工。罗森堡宫是他钟爱的住所并于1648年于此辞世。

1705～1707年，弗雷得里克四世将"长厅"的装饰改变为现在人们看见的反映战争和政治主体的绘画穹顶。这次改变使"长厅"的装潢成为欧洲最美丽的巴洛克风格室内装潢之一。

罗森堡宫

1710年起，由于弗雷德里克宫的建成，罗森堡宫不再作为皇家住所。早在1658年弗雷德里克三世时，罗森堡宫就被用于存放皇家的私人珍宝。这也是罗森堡宫现在的主要用途。

1833年弗雷德里克六世将城堡改为了博物馆并于1838年对外界开放。现在罗森堡宫由丹麦国家所有，陈列了大量的珍宝，包括丹麦皇冠珠宝和丹麦皇家收藏品。

 ## 枫丹白露宫

枫丹白露宫是法国最大的王宫之一，在法国北部枫丹白露镇。"枫丹白露"的法文原意为"蓝色的泉水"，因为此地有一眼八角小泉，泉水清澈碧透。枫丹白露风景绮丽、森林茂盛、古迹众多，是著名的游览胜地。

枫丹白露坐落在 170 平方千米的森林中，面积 0.84 平方千米。它原来是法国王室猎场，路易六世在这里建过教堂，路易九世曾在这里扩建宫殿、增修城堡主塔。15 世纪，它被废弃。

1527 年，弗朗索瓦一世请来大批艺术家对它进行扩建，使它成为一座富丽堂皇的宫殿。弗朗西斯一世、亨利二世、亨利四世、路易十四、路易十五、路易十六和拿破仑等法国帝王都曾在此居住过。有的国王在此长住，有的仅把它作为打猎的行宫。王室的婚丧大典也常在这里举行。历史上有许多重大事件就发生在这里。1812 年，罗马教皇被拿破仑囚禁在这里，而 1814 年，拿破仑被迫在这里签字让位。1945～1965 年，西方盟军司令部在此，至今宫墙外还残留有"北大西洋公约组织"标记。

枫丹白露宫

　　枫丹白露的宫殿分为白马院、源泉院、椭圆院等几个部分。白马院长152米、宽112米，正门朝东，门前有马蹄形台阶。院子北面的大臣殿建于1504年，南面的路易十五配楼建于1738年。源泉院南面的宏大院建于1750年，东面的配楼建于1768年，北面建有弗朗索瓦一世长廊。椭圆院内有圣路易纪念塔、赫梅斯廊、官员院、王子院、拿破仑住宅等建筑。

　　由于这是由意大利艺术家来作内部装饰的，因此融法意两国风格于一体，将雕刻与油画艺术相结合。形成了著名的枫丹白露派，法国文艺复兴时期的一枝奇葩。枫丹白露宫成为法国18世纪室内装饰的博物馆：有由50幅油画装点的会议厅、有描述法国历史的蒂亚娜壁画长廊、有满墙蓝色和玫瑰彩画的会议厅、有镶嵌128只细瓷画碟的碟子廊、有仿大理石雕刻和仿浅浮雕灰色油画相间的王后游艺室、有雕梁画栋及仿皮革墙饰的国王卫队厅、有雍容华贵的王后卧室和教师卧室，还有国王办公室，这些建筑大多是由法国建筑师完成的。

　　宫内的中国馆是由拿破仑三世时的奥日妮王后主持建造的，馆内陈列着中国明清时期的名画、金玉首饰、牙雕、玉雕等上千件艺术珍品，显示了与西欧风格迥然不同的东方文化艺术。

　　拿破仑特别喜欢枫丹白露，称它为"世纪之宫"。御座厅厅内整个墙壁和天花板用红、黄、绿三种色调的金叶粉饰，地板用萨伏纳里地毯覆盖。一盏镀金水晶大吊灯晶莹夺目，其装饰可谓集数百年之大成，显示出富丽豪华的皇家气派。但在小卧室内，却摆着一张行军床似的普通床铺，以便拿破仑作战回来小住几天。

　　拿破仑喜欢枫丹白露，自有其道理。这座宫殿虽然比不上凡尔赛的宏伟，罗浮宫的华丽，但却淡雅大方，给人以静谧温馨的感觉。历代留下的五座庭院、四处花园，配以小湖树林，更适宜君王休息，暂时摆脱繁杂的军政事务。

　　枫丹白露的花园面积0.03平方千米，呈方形，东面与枫丹白露宫相连。花园的中央是蒂布雷池，主要建筑有喷泉、岩洞、长廊、舞厅等。以许多圆形空地为核心，呈星形的林间小路向四面八方散开，纵横交错。圆形空地往往建有十字架，其中最著名的是圣·埃朗十字架，法国国王习惯到那里欢迎贵宾。狄安娜花园中一大片草地，当中一个喷水池，池中几条石雕狗蹲在那儿好像保卫着上面的狩猎女神狄安娜。宫殿的另一侧，有个玉泉院。这里临一座小湖，叫鲤鱼塘。湖中建了一座淡黄色的八角亭。据说，当年拿破仑游园之余，常在这里小憩进膳。森林中橡树、柏树、白桦、山毛榉等葱绿苍翠，浓荫四覆，是避暑度假的好地方。

奥尔内斯木板教堂

挪威名胜奥尔内斯木板教堂坐落于松内湾郡的奥尔内斯，始建于12世纪，1979年被联合国教科文组织列为必须加以保护的世界文化遗产之一。奥尔内斯木板教堂是挪威现存的30余座古木板教堂中最著名的一个。它之所以举世闻名，不仅因为建造年代久远，而且由于其建造质量好，装饰漂亮。此外，它还向人们揭示了关于所谓"黑暗"木头建筑艺术的发展情况。

奥尔内斯木板教堂的背后是长满林木的山麓，前面有石块垒成的围墙。教堂为四方形的3层建筑，全部用木材建造，每层都有陡峭的披檐，上有尖顶，外形很像东方式古庙。教堂里保存有许多12世纪的精美木雕画，其中不少是方形的浮雕板，周围有人像浮雕装饰，还有雕有叶饰和龙饰的墙裙。其中有一组从另一座历史更为久远的建筑物上拆卸来的浮雕，非常精美。浮雕的风格与威尔金人的艺术风格很

奥尔内斯木板教堂

相似，这显然是由于挪威与爱尔兰之间交流产生的。这种艺术风格，从奥尔内斯教堂的浮雕上看，表现出一种更高层次的宏大气势与强烈力度。教

堂内有中世纪的陈设，如一个木质耶稣受难群像和两个利莫格斯的装饰铜蜡台。圣台与布道坛、边座、唱诗班的屏饰、靠背长凳和壁画都是 1700 年以前的物品。

教堂的特点是屋角上有巨大的木支柱，上面由梁和承梁所固定，内部的其他支撑件相对减少。从教堂的平面图看，很容易使人联想起那种里面有木头柱廊的大教堂。

考古发现表明，这种木板教堂是在北欧尚未基督化以前修建的，那时候，正是木板教堂建筑盛行的年代。1000 年前后，到北欧来的第一批基督教传教士也接受了这种木头建筑的传统。到 13 世纪，才出现了用石头屋基以及用砖砌造的教堂。奥尔内斯木板教堂由于进行了认真的修缮和采取了各种防护措施，至今仍完好无损，吸引了世界各地的观光者。也为奥尔内斯这座城镇添了光彩。

吉萨金字塔

吉萨大金字塔、西底比斯神庙和卡纳克神庙在历经几个世纪的风雨侵蚀后神采依然，不失其崇高庄严。即使是在现代，在玻璃和钢铁的摩天大楼耸立的今天，这些古埃及的遗迹仍让我们心生敬畏。

埃及金字塔据古埃及宗教的理论，通常会选在尼罗河西岸，因为太阳落下的西方，是他们所认为死者的城镇。再者，靠近河岸也有便于运输金字塔所需的石块。首先工人们在附近的采石场

吉萨大金字塔

进行切割金字塔所需的巨大石块，然后拖到施工地点堆砌。建好第一级后，工人们用土坯、石灰石、黏土建成土坡，利用斜坡把石块运上去建第二级。

为了移动石块，他们得依靠滑橇、滚木和杠杆，一边拖一边向滑道内注入润滑油，就这样逐级堆砌。

在即将完工时，工人们把一块包有贵重金属（金或银）的石块放置在金字塔的顶端。然后，再在金字塔的外表砌上白色的石灰石，使整个金字塔看上去整洁光滑。至此，金字塔才算建造完成。

据考古学家推测，建造金字塔这样浩大的工程，至少需10万名工人一同工作，每三个月轮替一次，花费30年的光阴才能将金字塔完成。

公元前1650年，曾是地球上最伟大的国家埃及，当时却沦为外族的领地。西克索斯人统治着北面，南面是纽比因斯人。随后的几百年中，埃及在虚弱和屈从中呻吟，这便是埃及历史上的"第二过渡阶段"。

令人欣慰的是，公元前1550年，自信的底比斯统治者阿莫苏，把外来入侵者赶出了埃及，但是阿莫苏并没有满足埃及原有的疆界，他的军队挺进临国，并把他们纳入自己的版图。矛枪的撞击和战车的轰鸣吹响了埃及帝国再次崛起的号角。令人炫目的新王朝开始了。

当时掌握着自己命运的第十八朝的法老们，重新检查祖先们的陵墓，几乎所有的陵墓都遭到破坏。木乃伊遭到亵渎。金字塔作为皇室陵墓的历史结束了，然而，穹顶墓室和祭祀庙宁，可以上溯到最初的石质坟墓马斯塔巴，继续被新王朝的法老们采用，然而他们呈现出戏剧性的崭新面貌。这是有史以来第一次法老们的穹顶墓室远离祭祀神殿。

这些皇室的木乃伊，被隐藏在底比斯西部一个崎岖戈壁峡谷中，即帝王谷。在那里，大自然的鬼斧神工已经造就了现成的金字塔，选址于此，法老们希望能够得到永远的安宁。

埃及吉萨的10座金字塔是古代七大奇迹之一，它们耸立在尼罗河两岸的沙漠之上。金字塔如此高大，使人们很容易相信它们是神或巨人所建造的古代传说。其中3座最大、保存最完好的金字塔是由胡夫、海夫拉和门卡乌拉3位法老在公元前2600～公元前2500年建造的。

在这3座大金字塔中最大的是胡夫金字塔，它是一座几乎实心的巨石体，用200多万块巨石砌成。成群结队的人将这些大石块沿着地面斜坡往上拖运，然后在金字塔周围以一种脚手架的方式层层堆砌。

建成的金字塔被用做陵墓。古埃及人相信死后永生，金字塔内的墓穴里起初堆满了黄金和各种贵重物品。

 # 火山坡上的修道院

墨西哥城东南约70千米处矗立着两座雄伟的山峰，它们是波波卡特佩特火山和伊斯塔西瓦特尔火山，在阿芝台克语中波波卡特佩特火山的意思是"冒烟的山"，这座高5452米的火山正处于休眠状态，经常会喷发出大量的烟云。而伊斯塔西瓦特尔火山的意思是"睡美人"或"白衣少女"，这是一座熄灭的火山，高为5286米。

在这两座山峰3600米的高度人们发现了许多庙宇的废墟，这些建筑的存在说明了这两座山峰在阿芝台克人或者更早的文化中占据着重要的宗教地位。

西班牙人占领墨西哥后不久，圣芳济会的修道士们建立了一系列的修道院和教区，以此来改变当地人的宗教信仰。第一批建筑中，有一个建在韦霍钦戈地区，也就是现在普埃布拉州的波波卡特佩特火山脚下，它是为供奉大天使迈克尔而修建的。修道院坐落于古代一个喧闹小镇中心的土墩上。带有围墙的院落将其与繁忙的街道分开。这座修道院以其诸多的16世纪的艺术、建筑方面的杰出代表而著称于世。

修道院中的中世纪的精雕细琢的小礼拜堂、带有摩尔人风格的拱形门，门上装饰有雕刻精美的圣芳济会的锁眼罩的教堂以及修道院和教堂四周墙壁上的气派非凡的壁画都令人赏心悦目。教堂北门最为精妙，上面雕刻有曼奴埃尔式的装饰物，其复杂的装饰反映了圣芳济会的修道士门对其教堂北门的特殊重视。北门是教堂的正门，通常作为50年大庆时才使用的门，其对于男修道士们来讲如同通向新的圣城之门。

在这些古迹中，16世纪的修道院壁画格外引人注目。其中精彩的画面有表现高尚纯洁的素描图案，周围陪衬有托马斯·阿坎阿斯和邓斯·斯科德斯的联合肖像。教堂内的房间或大厅的墙壁上，装饰有知名圣徒们接受上帝临终遗嘱的场景画面。在门上悬挂着12圣徒跪拜的图画，这12个人是

1524 年到达墨西哥的圣芳济会的修道士们。最近发现的教堂壁画更是教人心醉神驰，他们描绘了一队带着面纱的 17 世纪的苦行修道士围绕着耶稣受难纪念广场举行祭奠活动的场景。

除此以外，修道院教堂内现存的最好的物品可能要数庄重的 16 世纪末期的祭坛了。它由佛兰德的雕刻家兼画家的西蒙·佩雷恩斯设计完成，四个主要平台组成的祭坛高高矗立直达教堂避难所的最高圆顶。它的七个极角由镀金的带有复杂花叶形图案的圆形柱组成，图案围绕着一组反映耶稣生活的图画，这些图画被认为出自佩雷恩斯本人之手。教堂内的雕刻图案内有许多圣徒、12 名修道者和教堂的其他知识渊博的人物。这些雕像雕刻精美绝伦，美丽的镀金涂层和彩绘艺术令人眼花缭乱。

 ## 美国独立会堂

独立会堂位于费城的市中心，是举世闻名的文化遗址，它宣告着美国独立。1776 年和 1787 年曾先后在这里发表过两篇重要的文件，即《独立宣言》和《美国宪法》。这两个文件不仅在美国历史上起着重要的作用，而且它所阐述的原则也为世界各国立法者立法所借鉴。

独立会堂建于 1732 年，当时作为宾夕法尼亚州的议会大楼，被视为国家将要出现的象征。在当时的 13 个殖民地里，这是最雄心勃勃的建筑。由于当时的地方政府采取边建设边投资的政策，因此这个建筑也是一点一点完成的，直到 1753 年，也就是开工的 21 年后，才宣告竣

美国独立会堂

工。它由当时绰号"精明的律师"的安迪哈密尔顿审查设计并担保完成的。这座建筑经历了许多修葺，比较著名的有 1830 年由希腊复古主义建筑师约翰哈维兰德的改造和 1950 年由美国国家公园管理中心的修缮，这次修缮将其恢复为 1776 年的面貌。

这是一座顶部带有尖顶的气度平和的砖式建筑。在原来的设计中，尖顶里放一口重 943 千克的大钟。不幸的是，这口钟裂过两次，现在静静地伫立在地面的一个特制的防护棚中。现在尖顶中放置的仅仅是这口钟的复制品。独立会堂的重要意义不在于它的建筑设计，而在于它是形成美国民主政治制度的重要文件的起草和讨论场所。

独立会堂无论怎么讲都可以称之为美国的诞生地。《独立宣言》在这里通过，联合宪章（或联邦宪法）也是在这里讨论、起草并通过的。

在这个文件中最为著名的革命性特征是"三权分立"制度的确立；另一个重要之处是将议会分为上院和下院。由于上院最初位于议会大厅的上层，而下院最初位于议会大厅的下层，这就是上下院之分的由来。

震撼的其他奇观

 元谋土林

路南石林已经驰名中外，元谋土林也足以与它争奇斗艳。元谋土林分布在云南省元谋县西部和西北部的白草岭山脉余脉以及蜻蛉河、勐冈河、班果河沿岸，总面积43平方千米。元谋土林以虎跳滩、班果、新华等地分布集中，保存完好，面积较大。土林是沙、土、砾石堆积物在干热气候条件下，经过大自然的加工改造而逐步形成的。由于土林的沙砾中含有多种矿物质，使得土林呈现出粉红、浅绿、橘黄、玫瑰红等色泽，随光照角度变化，色彩变幻无穷。

元谋土林属于地质新生代第四纪砂砾黏土沉积岩，这一地层岩层倾斜较缓，有利于保持岩柱稳定。由于这个层位有较多的膨胀土成分，雨后泡水体积膨胀，干季失水体积缩小。同时还由于元谋土林正处于砂砾岩内，铁质皮壳与粉砂岩黏土层软硬相间，沿软岩层凹

元谋土林

进，硬岩层突出，不断地发育成长。就是在这样特殊的地质条件下，经过

亚热带地区长期的烈日曝晒、雨水冲刷和切割，才形成这一自然奇观。元谋土林的基本构成是一座座黄色的土峰土柱。土峰土柱的顶端大都呈圆锥形或扁平形，犹如带了一顶顶土帽。据考证，土柱表层物质被风雨等外力剥蚀、运走，沉积层中的铁、钙质凝结为坚硬且不透水的胶结层暴露出来，形成天然顶盖土帽，使得土峰土柱受到相应保护，因而不易倾倒。如果说水土流失是土林形成的主要原因，那么"土帽"则使成型的土峰土柱能够岿然独存。

元谋土林中比较著名的是虎跳滩土林、班果土林和新华土林。虎跳滩土林位于元谋县城西北32千米的物茂乡虎溪行政村，又称芝麻土林，总面积2.3平方千米。虎跳滩土林形态以城堡状、屏风状、帘状为主，高度一般为10～15米，最高27米。

新华土林

从远处眺望虎跳滩土林，沟壑纵横，荒凉粗犷，犹如一座废弃的城堡。而近看则像一组组工程巨大的艺术群雕。虎跳滩土林主沟为东西向的干涸河床，河床表面为黄色细沙和彩色砾石，而支沟则分布在主沟南北两侧。

班果土林位于元谋县城西18千米的平田乡南400米沙河处，总面积14平方千米，是元谋面积最大的土林。由于班果土林是土林发育老年期残丘阶段的代表，所以土林高度一般在3～8米，最高12米。班果土林的土柱分布稀疏，个体较发育，群体较少。主干沙河河谷及其支沟表面堆积着较厚的灰白色细沙。班果土林以柱状、孤峰状为主，造型奇特。这里由于缺水，植被较差，只有少量的草丛。正因为如此，班果土林保持了土林的原始风貌，显示出土林的雄浑壮观。班果土林的土柱表面夹杂有闪烁的石英砂和玛瑙片砂，如同镶嵌了宝石，在阳光的照耀下，五光十色。

新华土林位于元谋县城西33千米处新华乡境内，距班果土林15千米，地处元谋、大姚、牟定三县交界处。总面积达8平方千米，由华丰、浪巴铺

和河尾三片土林组成。新华土林高大密集，类型齐全，圆锥状土林发育良好，一般高8～25米，最高达42.8米，居元谋土林之冠。新华土林色彩丰富，土柱顶部以紫红色为主，中部为灰白色，下部则以黄色为基调。从远处看新华土林，就像一座座富丽堂皇的宫殿，走进去犹如置身于古堡画廊中。

 # 乐山大佛

乐山市位于中国四川省的西南部，东邻自贡和内江，南靠宜宾和凉山彝族自治州，西连雅安，北临眉山市。独特的自然与人文景观构成的旅游资源，是乐山最主要的优势。发源于川北大雪山的岷江，带着大量的雪水，滚滚南下。当它进入成都平原，来到乐山城下，已经是一条水面开阔的大江了。在这里，它同波涛汹涌的大渡河，水流湍急的青衣江汇合。就在这三江汇合的地方，坐着一尊世界上最大的佛像——乐山凌云大佛。在这里，我们可以看到大自然以其鬼斧神工的创造力，雕刻出乐山睡佛的凝重；佛教文化又以其数代人的努力，创造了乐山大佛等浓郁的艺术氛围。难怪苏东坡感叹"生不愿封万户侯"，但愿"载酒时作凌云游"。

这座佛像凿塑于岷江南岸凌云山栖鸾峰临江一面的崖壁上，和乐山城隔江相望。它面对着滚滚东流的江水，体态雍容，深情自若。这尊雄伟的佛像高71米，也就是快有北京饭店新楼这么高了，数十里外都可以看到。它的头高14.7米，宽10米。头顶上每一个螺髻都可以放入一张大圆桌。他的耳朵长7米，耳朵眼里可以钻进两个人。它的脚背宽8.5米，可以围坐100多人。它比山西大同云冈石窟最高的大佛要高出三倍。过去认为世界最大的阿富汗巴史安大立佛，高53米，而乐山大佛比它要高出18米，乐山大佛真是大得惊人。游人们在瞻仰它的时候，莫不对我国古代的雕塑师们在设计和塑造这尊佛像时所表现出来的伟大魄力和高度的智慧，表示赞叹和钦佩。

1990年，在乐山大佛外围，发现了一尊全身长达4000余米，有几座山体组成的"巨型睡佛"。这尊睡佛四肢齐全，体态匀称，面目清秀，安详地漂卧在青衣江山脊线上，仰面朝天，慈祥凝重。著名的乐山大佛不偏不倚正好端坐在巨佛心脏部位。巨佛的头、身、足，分别由乌尤山、凌云山和龟城山三山连襟组成。佛头由整个乌尤山构成，山上的石、翠竹、绿阴、山径、亭阁、寺庙，分别呈现为巨佛的发髻、睫毛、鼻梁、双唇和下颚；佛身由凌云山上九峰相连，犹如巨佛宽广的胸膛、浑圆的腰和健美的腿；脚板翘起的佛足是龟城山的一部分。佛的整个体态十分逼真、自然、和谐，犹如天造地设，毫无人工刀迹斧痕。现观看睡佛的最佳位置就在乐山市滨江路"福全门"。

乐山大佛

无独有偶，此后不久乐山市又发现一尊形态逼真长 3000 米的巨型"女卧佛"，它由三龟山、东岩山构成。下龟山为女佛的头，下、中龟山间为其颈，中龟山一峰凸起犹如其胸，上龟山、东岩山为其双腿。与巨型睡佛抵足相连。观看女佛在"福全门"上游百米之内。

这座大佛开凿于唐玄宗开元初年（公元 713 年），由凌云寺的海通和尚发起造像，工程一度中断，直到唐德宗贞元十九年（公元 803 年），才由剑南西川节度使韦皋完成，历时 90 年。

令人惊异的是，在没有科学仪器的情况下，古人是用什么方法保证它的各个部分之间比例适当、体态匀称的呢？细心的游人会发现大佛的两耳和头颅后面，凿有纵横的排水沟，一场大雨后，积水很快就通过这些排水沟排走了，使佛像不致为雨水侵蚀。这座大佛，经过 1000 多年仍能保存完好，在一定程度上要归功于这套科学的排水系统。1990 年国家拨款对大佛进行了比较彻底的维修，同时增加了一些配套设施及服务设施，把这一旅

游点建设得更加完善。

大佛背靠山崖，面临大江。当游客们观赏大佛时，同时也就游览了凌云山的胜景。大佛背靠的这座凌云山早在隋唐时就是著名的风景区和佛教圣地。

凌云山并不高，它共有 9 个山峰，最高峰也不过平地拔起 140 米。但是，由于它峰峦错落，林木葱笼，俯视浩瀚三江，气势磅礴；远望峨嵋三峰，历历在目，再加上合峰上建有寺庙。因此，1000 多年前就受到人们的称赞。宋代文人邵博曾赞美说："天下山水之冠在蜀，蜀之胜日嘉州，嘉州之胜日凌云。"嘉州就是乐山。凌云山各峰上的寺宇，现在还保存的有栖峦峰的凌云寺和灵宝峰的灵宝塔。凌云寺规模颇大，大佛就凿于离寺不远的崖上。在这里凭栏看佛，可以仔细观赏大佛头部各个部位的细微之处。从这里可以沿一条凿于悬崖边上的陡直小路，下到大佛的脚边。因为大佛凿于凌云寺前，所以大佛也就称为凌云大佛。而凌云寺也因有了这尊大佛，而被人们称为大佛寺。凌云山有了大佛，山更增色，大佛在凌云山上，大佛也就更出名了。游凌云山主要是瞻仰大佛，而只有游览了凌云山才能更好地领略大佛的奇妙之处。

凌云山周围还有东坡楼、竞秀亭等亭台楼阁。东坡楼也叫东坡读书楼。山上还有很多汉崖墓，有的悬崖深达 10 多米，周围有精细的雕塑，里面还有陶俑之类的陪葬品，这是四川特有的古迹。和凌云寺毗邻有一座乌尤山，两山之间隔一水，有吊桥相通，和凌云山合成一个完整的风景区。山上有乌尤寺，建筑顺山势设计，曲折高低，玲珑雅致，别具一格。除了佛殿以外，还有旷怡亭、听涛轩、尔雅阁等精巧建筑。

呼伦贝尔草原

呼伦贝尔盟地处东经 115 度 31 分～126 度 04 分、北纬 47 度 05 分～53 度 20 分。东西 630 千米、南北 700 千米，总面积 25.3 万平方千米，相当于山东、江苏两省面积的总和。南面与兴安盟相连，东部以嫩东为界与黑龙江省为邻，北和西北部以额尔古纳河为界与俄罗斯接壤。西和西南部同蒙古国交界。边境线总长 1686 千米（中俄边界 1010 千米，中蒙边界 676 千米）。

呼盟属亚洲中部蒙古高原的组成部分。大兴安岭以东北，西南走向纵贯全盟中部，形成三大地形单元和经济类型区域：大兴安岭山地为林区；岭西呼伦贝尔大草原为草原畜牧业经济区；岭东地区的低山丘陵与河谷平原为农业经济区。

呼伦贝尔是蒙古民族的发源地。蒙古族的先民，蒙兀室韦很早就生活在额尔古纳河东岸广阔地域。大约在 8 世纪中叶，成吉思汗的远祖孛儿帖赤那率众离开了额尔古纳河东岸，开始游牧于斡难河、克鲁伦河、土拉河流域。

12 世纪末，成吉思汗登上政治舞台，再次踏上呼伦贝尔大地，利用优越的条件，进行统一战争，把各个游牧部落统一起来。成吉思汗未进入呼伦贝尔之前其势力只局限于蒙古高原的肯特山区一带。当呼伦贝尔成为成吉思汗的舞台后，他便如虎添翼。成吉思汗把富饶的呼伦贝尔草原看成是自己的建国基地，每逢军事不利、年岁荒歉，他便迁到呼伦贝尔牧畜，养精蓄锐，以待时机。由于呼伦贝尔草原为他提供大量的战马和牛羊，还有无数次决定性的战役，均获大胜，蒙古高原上各部落之间多年来势力均衡的局面被打破了，于是成吉思汗从东向西，只用了几年的时间，便完成了统一蒙古草原各部落的伟大事业。

呼伦贝尔草原河流纵横，大小湖泊星罗棋布，大兴安岭是其分水岭。呼伦贝尔草原上的主要河流有海拉尔河、额尔古纳河、伊敏河、辉河、锡尼河、莫尔格勒河、哈拉哈河、根河、乌尔逊河、克鲁伦河。每到夏季，这里莺

呼伦贝尔草原

飞草长，牛羊遍地，可以在草原上骑马、骑骆驼。观看摔跤、赛马、乌兰

牧骑的演出，吃草原风味"全羊宴"，晚上的篝火晚会，更让游人尽情体验游牧民族的独特风情。

 # 巨石阵

巨石阵是英格兰西南部索尔兹伯里平原上的一处古代遗址。一群粗糙切凿的巨石块兀立而围成圆阵。

由石头构成的圆圈形建筑物遗迹，在英国有不少，但巨石阵专指伦敦以南160多千米索尔兹伯里平原上的这一个，其他的只能称为石圈。因为这一个最宏伟而且完整（相对而言，其实也几近于废墟）。它是英国最出名的史前文明遗迹，最早可追溯到公元前3050年。"史前"不过是指"有文字记载的历史以前"，但这个词稍经想像加工便会带上"有人类文明以前"的气息，无端添了许多神秘。

几个世纪以来，这些巨石块一直与神秘和离奇的传说联系在一起，因为没有人真正知道这巨石阵的用途。有许多关于巨石阵的推测，有些非常复杂，甚至荒谬。但是，还没有一个推测得到证实。

巨石阵的建筑是从公元前3000～公元前1100年分三个阶段进行的。

巨石阵包括一个大石环（石环之间由一些较小的石块连接）和其内侧竖立着一个较小的石环。巨石阵的大外环建于约公元前2100～公元前2000年。而两组呈马蹄形排列的巨石环阵之开口同日出相吻合。这可能意味

巨石阵

着，巨石阵的建造者们是太阳的崇拜者。

但巨石阵肯定不是德鲁伊特（古代凯尔特人中一批有学问的人）建造

的，在巨石阵被废弃后很久他们才在这里生存。

巨石阵究竟是做什么用的？没有文字记载遗留下来，我们无从考古发掘出的石头、陶器和骨头之类的出土物里大致推断出它是怎么造起来的、谁造的、什么时候造的，然而"做什么用"或许永远也不能准确回答，仅推测可能与宗教活动有关。

近年来有人提出它是个古代天文台，用以精确观测月亮的升落，预测日食和月食。然而现在还没发现足够多的考古学证据支持上述猜想，虽然巨石阵入口对着夏至时太阳升起的方向必定是经过人工设计的，但这还不足以说明这一定就是个天文台。

巨石阵所在的地区有许多坟墓和神庙，它们都已有好几百年的历史了。许多世纪以来巨石阵本身就是一个圣地，但不知道该圣地在什么时候或为什么废弃了。不幸的是，几个世纪以来有些石块已搬走去造房子，而另一些已经倒下。

科米原始森林

科米原始森林位于俄罗斯乌拉尔地区，和欧洲北部的另一片大面积的原始森林一样，这一广袤地区的针叶树、白杨、白桦、泥炭沼、河流以及天然湖泊，已经被监控和研究了 50 多年，对于针叶树林地带的自然发展对生物动力学的影响提供了宝贵的资料。

科米原始森林占地面积为 3.28 万平方千米，其中有 6500 平方千米属于缓冲地带。1984 年，该地区被联合国教科文组织列入"生物圈保护计划"。

科米原始森林的海拔高度在 98～1895 米之间，森林东部与著名的乌拉尔山脉密不可分，高山冰河是这一带的典型地理特征，沿着山麓小丘的石灰岩经分解形成了喀斯特地形。蜿蜒起伏的西部主要是由沼泽、低地、河床以及一些小山组成的。该森林 1 月份的平均温度为零下 17 摄氏度，7 月份的平均温度在 12～20 摄氏度之间；年平均降水量为 525 毫米；一年中雪层有 7 个月厚达 100 厘米。

科米原始森林西部海拔较低的湿地上生长着泥炭藓、越桔和野生的黄莓，岛上则满是柳树、欧洲花楸、山梨、虎耳草科黑醋栗和樱桃树。从沼泽地一直延伸到乌拉尔山麓的主要是落叶松森林；山谷中生长着茂密的云杉、冷杉及松树；亚高山带矮树林中的植物主要包括银莲花、芍药属植物、勿忘我草和伞形植物。科米原始森林是全欧洲惟一生长西伯利亚松树的地方。

科米原始森林

科米原始森林中既有欧洲代表动物又有典型的亚洲动物。森林中记录下来的哺乳动物包括野兔、松鼠、海狸、灰狼、狐狸、褐熊、鼬鼠、水獭、松貂鼠、紫貂、狼獾、山猫和麋鹿，麝香鼠是该地区引进的物种。森林中的鸟类繁多，北欧雷鸟、黑松鸡、淡褐色松鸡、黑啄木鸟、三趾啄木鸟、星鸦都栖息在这里。该地区还生活着不计其数的水鸟，如白颊鸭、鹅、秋沙鸭、水凫和水鸭等；鱼类共计有16种，其中包括大马哈鱼、河鳟和白鱼。

过去由于人们很难接近这片原始森林，以至于直到18世纪末才开始对这一地区进行了相关研究。1915年，在该地区工作的森林学家首次指出有必要在此建立自然保护区。1949年，科米原始森林里建起了第一个试验农场，负责关于麋鹿的人工养殖工作和研究。后来苏联自然科学研究院又陆续在森林中设置了许多长期工作站。

科米原始森林中有壮观的瀑布群、葱郁的小岛以及奔流不息的河川，因此成为许多濒危动植物的"世外桃源"。

 好望角

无限风光在险峰，捕捉美景所要付出的代价是克服攀登险峰过程中的恐惧心理，所有的探险家均有过类似的心理体验。位于大西洋和印度洋汇合处的好望角被发现的过程，同样经历了充满风险的阵痛。

为了寻找由大西洋进入印度洋的航道，人类一次次踏上驶向印度洋的未知之路。机缘巧合，遭遇风暴的葡萄牙探险家迪亚士偶然发现了好望角。这里时常西风呼啸，气候莫测，航道难行，无数船只曾在这里遇险。因此，这个令人生畏的海角起初被称为"风暴角"，后来改名"好望角"。

好望角

这个名字的由来众说纷纭，有两种说法最为常见：一种说法是迪亚士历尽磨难回到葡萄牙后，向葡萄牙国王讲述了在"风暴角"的见闻，国王认为绕过这个海角，就有希望到达梦寐以求的印度，因此将"风暴角"改名为"好望角"；另一种说法是达·伽马自印度返回欧洲后，当时的葡萄牙国王将"风暴角"易名为"好望角"，因为他认为在海上航行时，绕过此海角就能带来好运。

大西洋和印度洋的海水在这里交汇，若是在风平浪静的时刻，碧蓝的海水，天空飘来朵朵浮云，远处天水一色，一眼望不到边际。阴晴不定时，两股急流亲密接触时产生的巨大气流使海水奋力地拍打着海岸，翻滚着，咆哮着，如千军万马在奔腾，掀起数米高的巨浪，倏忽平息，又再突起，循环往复，翻腾不止。海浪与坚硬的岩石碰撞，发出天崩地裂的巨响，电光火花般飞溅的浪沫，甩到人的身上，一阵沁人心脾的凉意渗入骨髓。更有甚时，会出现传说中的"杀人浪"，起伏不平犹如一座小山丘，前后翻涌着旋转前进，轮船驶进，如同树叶在风中飘落，一个回旋便不见了踪影，航行到这里的船舶往往都不能安全通过。因此，这里是世界上最危险的航海地段之一。

这样恶劣的自然环境的形成，与好望角所处的地理位置密切相关。好望角是非洲西南端的著名岬角，在南非的西南端，北距开普敦 48 千米，西濒大西洋，北连开普半岛，这是一条细长的岩石岬角，长约 4.8 千米。苏伊士运河未开通之前，这里成为欧洲通往亚洲的海上必经之地，冷暖气流的交汇，使这里的风景自有其独特的韵味。

在中国神话中，名山大川、江河湖海总有一个美丽的传说与之相匹配。好望角也不例外，它也有着神奇而惨烈的传说：远在古希腊时，亚当阿斯特鼓动其他 99 个巨人策划叛乱，反抗以宙斯为代表的诸神，他们呼唤风暴的到来，试图撼动奥林匹斯山，但是却被诸神打败。他们受到了严厉的惩罚，巨人们被流放到世界的尽头，被压在火山群峰之下。亚当阿斯特也难逃一劫，他的身体顺势而倒，化作山脉，形成了好望角。但他的暴戾性格却丝毫未变，他不甘寂寞的灵魂游荡在好望角周围的海面上，风暴肆虐，怒吼声不绝于耳，对于接近他身旁的人，必定要施与报复。

探险之旅和神话传说赋予好望角悠远瑰丽的神秘感，令人神往。后人在这里建立了自然保护区，将其纳入观光旅游的范围。这里保留了原生态的景观，除可以乘坐观光汽车游览外，其余车辆禁止入内。保护区内，各种花卉植物竞相生长；在海边铺满红色鹅卵石的海滩上，经常可以看到鸵鸟们昂首挺胸、悠闲踱步的有趣场景；还可以看到南非羚羊、鹿、斑马、猫鼬、狒狒等不同种类动物的身影，它们或追逐嬉戏，或各处觅食，或腾挪跳跃，一派生机勃勃的景象，充满了动感的韵律，让人禁不住想要翩翩起舞。陆地上的景象已令人应接不暇，在近海处，海豚、海狗不时地闪现，不计其数的海中生物在游弋，它们的动作舒缓而流畅，与海水融为一体，美不胜收。

"好望角"，带来美好希望的海角。在这里，有奔腾不息的海浪怒潮、品种奇异的植物景观、多种多样的生物群体、完整齐全的生活设施、奇峻独特的自然风光，林林总总，令人叹为观止。管中窥豹，只见一斑。再华丽的词汇都不能完全概括它的美好，只有身临其境，美好希望的影子才会如影随形，直至美梦成真。

昆士兰湿热地

昆士兰湿热地区，位于澳大利亚东部的昆士兰州。1988 年根据自然遗产的遴选标准被列入《世界自然遗产名录》。这一地区位于澳大利亚的最东北端，绝大部分地区由潮湿的森林组成。这里的环境特别适合于不同种类的植物、袋鼠以及鸟类生存，同时给那些稀有的濒危动植物也提供了良好的生存条件。崎岖的山路、浓密的热带雨林、湍急的河流、深邃的峡谷、白色的沙滩、绚丽的珊瑚礁、活火山和火山湖，构成了昆士兰湿热地区奇特的美景。

在澳大利亚昆士兰州的大分水岭以东，沿库克敦往南，经昆士兰州首府布利斯班到新南威尔士州北部的狭长地带，是一片绿色的世界，在植物学上被称为澳大利亚东北部植物亚区。这就是昆士兰的热带雨林，面积达 8979 平方千米。在来自热带太平洋的东南信风的影响

昆士兰热带雨林

下，昆士兰雨水充足，最高峰巴特尔弗里尔山的年降雨量有 1200～9000 毫米。昆士兰的森林很有特色，树木高大，有些树高达 50 米。由于树冠遮住了太阳，地面照不到阳光，所以森林里小树很少。森林在沿海区域比较茂盛。由于海拔高度不同，气温也不一样，昆士兰从茂密的热带雨林到寒冷的山地羊齿类植物，共有 13 种森林植被。

昆士兰的湿热地带是少有的几个能够全部满足世界自然遗产名录四个条件的地区之一。它展现了地球上生物进化历史过程的主要阶段，是一个突出表现生态与生物进程的实例，包含了最高级的自然现象，是最重要的保护自然生物多样性的生物栖息地。湿热地带面积约 9000 平方千米，这一

地区包括许多国家公园，如：德恩蒂国家公园、巴龙乔治与乌龙努兰国家公园。这里是澳大利亚保存的最广阔的湿热带雨林保护区。这里也有其他的生物群落，但最多样和最美丽的群落就是雨林。这些雨林几乎保存着世界上最完整的地球植物进化记录。湿热地区是世界上最集中地保存着原始开花植物种群的地区。澳大利亚已知的雨林中再也没有像这里这样多样化的了。这些雨林有着众多的层次和不同的植物种类，差不多有 30 种雨林群落在这里出现，红树林的种类也有着许多变化。

这里是世界上为数不多的几块尚未被人类开发的地区之一。几千年前，土著人就开始在热带雨林生活，但现在仅存五百人左右。他们至今仍讲本民族独特的语言，保持着本民族的文化习俗。

在热带雨林中，最具代表性的特种植物有：楝树、香椿、贝壳杉、蒲葵、南洋杉、金合欢、红胶木、哈克木、木麻黄、香樱桃、苏铁、杜鹃、白藤、铁线莲、茉莉、菝葜、刺树叶、罗汉松、露兜树、榕树、蚌壳蕨等。走入雨林，仿佛置身于一个绿色的世界。在这片原始密林中，有众多在其他任何地方难觅的澳洲特有植物。在雨林中有一种热带兰科植物——香子兰，其根茎可长到 15 米，是世界上最大的兰科植物。有一种能刺伤人的澳洲荨麻树，它的叶片很大，但却像鸟的羽毛一样柔软，如果谁不小心碰到它，叶片马上会分泌一种毒素刺伤人的皮肤。有一种寄生植物无花果树，它寄生在别的大树上，其根系特别发达，垂下来像一根根绳索，紧紧地把住宿树扼住，直至住宿树枯死为止。

昆士兰热带雨林的面积虽然只占澳大利亚大陆总面积的 1.2‰，这里却生活着澳大利亚三分之一的袋鼠和树袋熊、五分之三的蝙蝠、约五分之三的蝴蝶等昆虫、约五分之一的两栖类动物、三分之一的爬虫类动物。而且，这里还生存着有 1.2 亿年历史的植物和昆虫。昆士兰的热带雨林有漂亮的凯恩斯凤蝶、黑蓝色的琉璃乌蝶，还有绿蟒和麝鼠、袋鼠，以及能发出猫叫声的"猫鸟"，能发出鞭子抽动声的"鞭鸟"。这片原始雨林中还生活着一些科学家们至今叫不出名字的鸟类和昆虫。

在雨林种的众多动物中，树袋熊是最惹人关注和喜爱的动物之一。树袋熊（又名考拉）是澳大利亚奇特的珍稀原始树栖动物，属有袋哺乳类。

它性情温顺，体态憨厚，长相酷似小熊。生有一对大耳朵，鼻子扁平，无尾，身披一层浓密的灰褐色短毛，胸部、腹部、四肢内侧和内耳皮毛呈灰白色，身长约80厘米，体重可达15千克左右。它四肢粗壮，尖爪锐利，善于攀树，整日以树为家，就连睡觉也不下来。由于树袋熊从桉树叶中得到了足够的

树袋熊

水分，因此，一般很少饮水，所以当地人称它"克瓦勒"，意思就是"不喝水"。

白天，树袋熊通常将身子蜷作一团栖息在桉树上，晚间才外出活动，沿着树枝爬上爬下，寻找桉叶充饥。它胃口很大，食路却十分狭窄，非桉叶不吃。虽然澳大利亚有三百多种桉树，可树袋熊只吃其中的12种。它特别喜欢吃玫瑰桉树、甘露桉树和斑桉树上的叶子。一只成年树袋熊每天能吃掉1千克左右的桉树叶。桉叶汁多味香，含有桉树脑和水茴香萜，因此，树袋熊的身上总是散发着一种馥郁清香的桉叶香味。

 ## 黄石公园

黄石国家公园是世界最大的公园，也是美国设立最早、规模最大的国家公园，位于怀俄明、蒙大拿和爱达荷三州交界处，占地8956平方千米。公园原为荒山原野，19世纪初叶始有探险者的足迹。1872年，总统格兰特在任期间将黄石公园辟为国家公园。黄石国家公园得名的原因是因为黄石河两旁的峡壁呈黄色。公园内富有湖光、山色、悬崖、峡谷、喷泉、瀑布等景致。但其最独特的风貌，则是被称为世界奇观的间歇喷泉。

黄石国家公园是世界上第一座以保护自然生态和自然景观为目的而建

立的国家公园。它不仅拥有各种森林、草原、湖泊、峡谷和瀑布等自然景观，其大量的热泉、间歇泉、泥泉和地热资源，更构成了享誉世界的独特地热奇观。黄石国家公园也是野生动物的天堂，是美国野生动物的最大庇护所。

与美洲大陆的其他地方一样，今天的黄石公园地区也曾经是美洲印第安人活动的舞台。考古学家发现，大约在一万一千多年以前，就有印第安人在这里建立家园。后来又有另一支印第安人部落移居到此，从事狩猎、采集及原始的农业生产活动。一支被称之为"食羊

黄石国家公园

者"的印第安部落一直居住到1871年，直至这里被美国政府划定为国家公园的前一年，才迁居到休休尼风河保留地。黄石国家公园因自然景观和地质现象的差异，分为五大区：分别是玛默斯区、罗斯福区、峡谷区、间歇泉区和湖泊区。

分布在黄石公园里的大大小小间歇泉总共有300个以上，其中最知名的就是老忠实间歇泉。"老忠实泉"平均每隔79分钟喷发一次，每次喷发大约维持在一分半至五分钟之间，大约有10000~30000升的热水在这期间被喷到30~50米的高度。就因为"老忠实泉"拥有最准时的喷发周期，因此成为间歇泉中的明星，也一直是黄石国家公园地热活动的象征。近年来，由于地震和人为因素的影响，"老忠实泉"的喷发时间有时会发生偏移。偏移范围大至以45~100分钟不等，但这种情况并不常发生。除"老忠实泉"外，黄石国家公园地热活动的多样化更是随处可见。玛默斯区的石灰岩梯田、色彩斑斓的大七彩温泉池、黄石湖区的鱼人锅泉眼，其他如泥火山、汽孔等景象，都呈现了黄石地质景观的特殊性。

间歇泉的泉口下，是一个长而窄，有如管状的裂隙，受热的地下水上

升后会进入裂隙里。在原本就充满水的裂隙中，水的重量压制了地下水，使它无法继续上升，于是形成了一个巨大的压力"锅炉"。当"锅"里的水经熔岩不断地加热，水温超过了临界温度而沸腾成蒸汽，蒸汽的力量就把裂隙的水一下子全喷出去，形成一次喷发。喷发后，新的地下水会再补充进"锅炉"里，整个作用便再循环一次。这种周期性的喷发，即形成了间歇泉。

石灰岩梯田又称石灰华台地。由于地下热泉中溶有较高的碳酸钙离子，热泉在熔岩热力的作用下形成一口"上升井"，自地表一个泉眼中涌出，并向低处流淌冷却，即会慢慢在山坡上开始沉积碳酸钙结晶。长久下来，碳酸钙沉淀便形成了这种"石灰岩梯田"。而热泉中滋生的各种藻类又往往为梯田披上了一层层彩衣。泥锅的成因在于热泉水中含有丰富的硫磺，当热泉水与硫磺物质、泥土及天然气相混合，便产生了这种特殊的地热现象。其中硫磺的沉淀形成黄色土壤，而硫化铁和氧化铁沉淀则使土壤的颜色呈黑色或紫色。当地面降水渗入地下的量不足时，地层中的熔岩迅速将水分蒸发汽化，这些蒸汽不断由地下喷出便产生汽孔。

由于地层中被熔岩加热的地下水密度小于刚渗入地层的冷水，因此热泉会处于冷水的上方，之后逐渐上升而冒出地表，形成热池。在热泉或热池的表面常可见到翻腾的气泡，这是自地层中排出的二氧化碳，并不是沸水。通常热泉和热池的温度比间歇泉低许多，这种较低温的热泉或热池，常因不同的温度滋生不同颜色的藻类，而呈现出丰富美丽的色彩。而且泉中沉淀出来的二氧化硅会在地表泉眼处形成蛋白色的泉华，这也是其特色之一。

发源于黄石公园的黄石河是塑造黄石公园胜景的重要因素之一。黄石河由黄石峡谷汹涌而出，贯穿整个黄石公园到达北部的蒙大拿州境内，全长1080千米，是密苏里河的一条重要支流。黄石河将山脉切穿而创造了壮观的黄石大峡谷。在阳光的照耀下，峡谷两岸峭壁呈现出金黄色，仿佛是两条曲折的彩带。由于黄石河穿行的地势高，水源充沛，黄石河及其支流深深地切入峡谷，形成许多激流瀑布。黄石大峡谷源头的高塔瀑布高达40米，水流从山间奔腾而下，水声震耳欲聋，响彻峡谷两岸。在湖泊区还有北美洲最大的高原湖泊黄石湖。由于黄石河的充足补给，黄石湖水面辽阔，面积达 353 平方千米，形成了自己特有的气候景观。

黄石国家公园不仅景观壮丽，而且其对生态的保护也走在世界的前列。各国相继效仿黄石国家公园建立了自己的国家公园。在黄石公园成立至今的一百多年中，国家公园的涵义是在逐步摸索中建立起来的。在这里，生态保护的观念也有好多次转变。黄石公园最初对待森林火灾的态度是尽力保护森林资源，对火灾采取主动灭火策略。但到 20 世纪 60 年代，生物学家认为，国家公园应尽可能维持其自然状态，自然发生的火灾就应该让它去烧，使自然环境更健康，黄石公园的灭火政策也相应转变。1988 年的一场大火，烧掉了公园森林面积的 36%，奉行了几十年的"不管政策"才终止。公园管理当局吸取教训，决定将火灾分为良性与恶性两种，做出评估之后，再选择扑灭或者让它燃烧。

另外，黄石公园面临的另一个问题是如何维持生态的平衡。大量繁殖的野牛和麋鹿对公园的生态造成破坏，而且野牛的定期迁徙更有传播牛瘟等疾病的威胁。于是公园宣布野牛为可猎杀的野生动物，这一举措差点造成黄石公园野牛的灭绝。后来，野牛的数量恢复后，公园管理当局"引狼入室"，将过去曾在此出没的灰狼从加拿大引回，为野牛制造天敌，以求达到控制野牛种群和数量。

自由女神像

自由女神像位于美国东北部的纽约赫德林河口的自由岛上，是法国为纪念美国独立战争期间美法联盟而赠送给美国的礼物。

自由女神像是法国雕塑家奥古斯特·巴托尔迪用 10 年时间在巴黎构思并制造的。据说雕像的模特是他的妻子，雕像的面部是他母亲的脸形。铁架由巴黎艾菲尔铁塔的设计师艾菲尔设计，基座由美国建筑师里查德·莫里斯·胡思特设计。自由女神像于 1884 年在法国制作完成，1885 年运到美国组装。

1886 年 10 月 28 日，美国总统克利夫兰在纽约港主持揭幕仪式。雕像高 47 米，它虽然是由固定在铁架上的铜片拼成的，但由于做工精细，看上去是一个完美的整体。身着罗马式长袍的"女神"，右手高擎着火炬，左臂抱着一本象征美国《独立宣言》的书本。上面刻着宣言发表的日期——1776 年 7 月 4 日，脚下散落着被挣断的锁链。

自由女神像

自由女神像内有 22 层，电梯开到第 10 层，再沿旋梯爬 12 层，就可到达女神像顶端的皇冠处。这里四面开着小窗，临窗俯瞰，纽约景色尽收眼底。

自由女神像基座内设有介绍美国移民历史的博物馆，1972 年开馆。第一部分介绍美国印第安人的祖先，从亚洲漂越大西洋，来到这块未被勘探的大陆。接着介绍了现代的大规模移民情况。通过播放影视，展示模型、摄影图片、绘画、服装，提供详实的材料，介绍来到新大陆的每一个群体，包括作为奴隶，被用船贩来的西非人，19 世纪大量移民而来的爱尔兰人、意大利人和犹太人。爱玛·拉扎露丝从自由女神像吸取灵感。创作了著名诗篇《新的巨人》，描述金门桥畔的女神高擎火炬欢迎被旧世界所抛弃的、挤作一团的平民到来的情景。

1892 年以来，前呼后拥的移民船抵达自由岛旁的埃利斯岛。德国人、爱尔兰人、意大利人、斯拉夫人、犹太人操着各自的语言，嘈杂声四起，忐忑不安的焦虑与希望和激情交织在一起，形成一种热烈的氛围。20 世纪初，平均每天通过大厅的刚到达的移民人数为 2000 人。1907 年为顶峰，埃利斯岛办理了 100 多万人的入境地事宜。1954 年，移民站关闭。现正在修复之中，它将成为国家纪念馆。

旖旎的海岛海湾

 下龙湾

越南下龙湾位于河内东部，占地 1553 平方千米，以景色瑰丽、秀美而著称。两千多个大大小小的岛屿错落有致地分布在下龙湾内，堪称奇观。"下龙"这个名字照字面意思来讲，是指蜿蜒入海的龙。传说这里的人们曾饱受侵略之苦，龙神们为了拯救他们，曾在天空现形，那些岛屿就是龙用来打击侵略者，从口中吐出的宝石化成的。下龙湾分为三个小湾，在碧波万顷的海面上，尖峰耸峙，形状奇突。

据科学工作者考证，下龙湾是原欧亚大陆的一部分下沉海中形成的自然奇观。有的一山独立、一柱擎天；有的两山相靠、一水中分；有的峰峦重叠、峥嵘奇特，堪称奇观。由于下龙湾中的小岛都是石灰岩的小山峰，且造型各异，景色优美，与桂林山水有异曲同工之妙。因为其景色酷似广西的桂林山水，所以世人又称之为"海上桂林"。

下龙湾共有多少个岛？多少座山？至今没有精确的统计数据。据说共有两千多座，仅人们根据不同形状、特征命了名的山和岛就有一千多座。像一根粗大的筷子直插海里的，是筷子山；像一个大鼎游在海面的，是香鼎山。斗鸡山则是两山对峙，像一对傲斗的雄鸡。马鞍岛则像一匹灰色的骏马，踏着海浪奔腾向前。艇在水上走，人在画中行，水绕山环。有时，苍翠的群山拥着一汪凝碧的绿水，让人仿佛置身于幽静的高峡平湖之中。粼粼波光中倒映着座座青山，山情水趣，织出了无穷无尽的诗情画意，把人们引进又一个新的奇妙的境地。

从拜寨码头乘船南行8000米，有一个岛像一匹骏马，史书上称为万景岛。岛上最高峰海拔189米。半山腰有个洞叫木头洞。涨潮的时候可以登上岛，沿着90级石阶到达洞口。洞分三洞，外洞可以容纳三四千人。第二洞石笋丛生，形成各种人物、鸟兽造型。在第三洞里，还有四个圆圆的石井，终年积满清冽的淡水。在下龙湾，万景岛以西3000米，有个巡洲岛。这是下龙湾唯一的土岛。

中门洞是下龙湾一个著名的山洞，也分为形状、规模各不相同的三个洞。外洞像一间高大宽敞的大厅，可以容纳数千人。洞底平坦，洞口与海面相接。涨潮时，小游艇可以一直开进洞口。从外洞通向中洞的拱形洞口，只能容一人通过。旁边立着一块灰白色的大石头，像一头大象守卫着洞门。中洞长8米、宽5米、高4米，洞里像是一个精美的艺术馆。透过拱形洞口射进来的暗淡光线，照得一座座钟乳石闪现出绮丽的光彩。再通过一个螺口形的洞口，就进入长方形的内洞。这里长约60米，宽约20米。四周钟乳石错落有致，又自然地形成许多小洞及生动的造型。

如此多彩的景色是如何形成的呢？下龙湾原是一片喀斯特峰林平原。下龙湾喀斯特地貌主要发育在3.9～3.7亿年前的晚古生代石灰岩中。在高温多雨的气候环境下，水对石灰岩产生强烈溶蚀作用，逐渐发育成山坡陡峻的喀斯特小山。在渗入石灰岩的地下水作用下，形成了各种规模的地下河系。地下水位的下降或地壳的上升使原来充满地下水的地下洞河，逐渐变成了干洞。特别是从非石灰岩地区流来的地表水，对石灰岩进行强烈的溶蚀作用，不断使石山坡后退并使一些低矮石山逐渐被蚀平，而那些较大的石山屹立在平原之上，没有被破坏的洞穴依旧保存在小山中。约在3000～5000年前全球性海面上升，使这片峰林平原逐渐被海水淹没，变成了今天下龙湾的样子。

 博拉—博拉岛

博拉—博拉岛位于南太平洋玻利尼西亚社会群岛，是一个充满诗情画意的热带岛屿。这里有炫目的海滩、摇曳多姿的椰林和静谧的蓝色泻湖。人们把这个美丽而浪漫的岛屿称为"太平洋上的明珠"、"距天堂最近的地方"、"梦之岛"。博拉—博拉岛陆地面积38平方千米，人口2580人，由中部主要岛和周围一系列小岛组成。第二次世界大战期间曾是美国海军、空军基地，是社会群岛最美丽的岛屿之一。

最早来到岛上定居的是玻利尼西亚人，大约在一千一百多年前。1722年，荷兰探险家洛基文发现了这座岛屿，成为到达该岛的第一个欧洲人。英国探险家库克船长于1777年驶入港内停泊。他把此岛称为博拉—博拉（寓意新生、诞生）。此岛于1985年成为法属玻利尼西亚的一部分。

三百多万年前，博拉—博岛从海中升起，成为一座巨大的火山，周围生长着一圈珊瑚。珊瑚虫从热带浅海吸收钙质，生成石灰外壳，逐渐形成珊瑚礁。随着海底板块冷却，火山开始下沉，但珊瑚礁继续上长，形成了岛中心周围的珊瑚环礁和中间的泻湖。随着时间的推移，火山将完全沉没，只留下珊瑚环礁围绕着泻湖。

珊　瑚

在法属玻利尼西亚社会群岛的背风群岛中央便是出奇宁谧的博拉—博拉岛。在博拉—博拉岛上闪耀着银光的海滩背倚着椰林、青翠的丘陵和耀眼的木槿，再往里是晶莹清澈的泻湖。东来的信风带来阵阵清新的气流，使这一热带地区的气温处在24～28摄氏度之间。

珊瑚环礁只有一个通航入口，当地人称为莫图斯，使得这个泻湖成为一个天然的港口。博拉—博拉主岛的面积是直布罗陀的两倍，另外两个小岛图普阿和图普阿伊蒂都是火山口侵蚀形成的。两座峻峭的山峰雄踞博拉—博拉岛上，分别是海拔 660 米的帕希亚山和海拔 725 米的奥特曼努山。奥特曼努山曾经是一座火山，在火山喷发毁去其山顶之前，它曾隆起于海底之上达 5400 米。这座长期熄灭的死火山如今覆盖着茂密的绿色森林。

大堡礁

　　大堡礁位于澳大利亚的昆士兰州以东，南回归线与巴布亚湾之间的热带海域。大堡礁南北长约 2000 千米，东西宽 20 ~ 240 千米，包括约 3000 个岛礁和沙滩，分布面积共达 34.5 万平方千米，是世界上规模最大、景色最美的活珊瑚礁群，因此被誉为"世界第八大奇观"。

　　大堡礁是澳大利亚东北海岸外一系列珊瑚岛礁的总称。大堡礁生长在中新世时期，距今约有三千多万年。大堡礁是由一种微小的腔肠动物珊瑚虫长年累月"建筑"起来的，而且面积还在不断扩大。珊瑚虫有三百五十多种，它们体态玲珑，色

大堡礁

泽艳丽，但却十分娇弱。大堡礁所处的水域，终年受太平洋的南赤道暖流和东澳大利亚暖流的影响，全年平均水温在 20 摄氏度以上，加上这一带海域海水浅、含盐度和透明度高，非常适合珊瑚生长。一般的珊瑚最多不过长到 80 米厚，而这里的珊瑚厚度竟达 220 米，为世界之最。珊瑚虫具有坚硬的石灰质骨骼，喜欢聚居，繁殖能力很强。后一代在前一代的骨骼上繁殖生长。珊瑚虫有红、白、黄、绿等颜色，残骸每过 35 ~ 335 年就可增高 1 米，因为珊瑚虫的种类不同，使得珊瑚礁的生长速度也不同。

　　大堡礁拥有为数众多的礁岛资源。这些礁岛有的露出海面几米或几百

米，岛上热带风情，绿意盎然，艳丽明媚；有的礁岛半隐半现，形态奇异，意境美妙，想像无限；有的礁岛隐在海中，千奇百怪，五颜六色。珊瑚和鱼儿共舞，充满了浪漫的色彩。堡礁大部分没入水中，低潮时略露礁顶，从空中俯瞰，礁岛宛如一朵朵艳丽的花朵，在碧波万顷的大海上怒放。据统计，大堡礁中露出水面的珊瑚岛有六百多个，主要的观光点有鹭岛、费兹莱岛、费沙岛、大凯裴岛、绿岛、汉密顿岛和海曼岛等。

在较大的岛屿中，格林岛、海伦岛和赫伦岛最为著名。格林岛上设有水下观察室，可以观赏到栖息在珊瑚洞穴里的数百种美丽的鱼类以及海螺、海星、海参等稀奇古怪的海洋生物。有能施放毒液的华丽的狮子鱼和形如石头的石头鱼，还有敢偷袭潜水员的昆士兰鱼，令人仿佛置身于海底世界。

海伦岛附近的海底布满了美丽的珊瑚礁，岛上树木特别多，远远望去，一片葱茏。四周的白色沙滩好像一条裙带，岛上任何地方，都是天然的海水浴场。海底因为全部是珊瑚礁，没有泥土污染，所以海水清澈见底，能看见各种色彩缤纷的鱼类。在海伦岛潜水有很大的乐趣，潜水者不仅可以与各种鱼类为伴，而且可以了解它们的生态。除了欣赏鱼类，岛上的林木丛中还有数不清的鸟类，四季常青的灌木吸引着许多候鸟到此避寒。岛上还是世界著名的绿色海龟产地，海龟与游人相处极为友善。

赫伦岛面积0.17平方千米，是一个奇特的珊瑚岛。从空中俯瞰，远远望见它就像一叶小舟，荡漾在湛蓝色的海面上。漫步岛上，海浪袭来，"岛船"似乎有些摇动，但会使人感到一种乘风破浪向前的激情。海潮退去后，脚踩珊瑚会发出嘎吱嘎吱的声响，让人不得不惊叹大自然奇妙的创造力。走进赫伦岛的中心区域，树木丛生，浓郁苍翠。其中有一种树非常奇特：树高可达几十米，树干很粗，植物组织疏松而又很脆，树心却又像海绵制成。若是遇上海鸟交配产卵的时节，绿林中更是热闹非凡，鸟伴侣们追逐嬉戏，互诉衷情。许许多多的苍鹭忽儿枝头落身，忽儿沙滩信步，它们寻觅着小海龟或其他昆虫，希望给它们的儿女们带回去丰盛的食物。还有"头戴银帽"的白顶海鸥，这种海鸥似乎有些呆头呆脑，夜晚也常发出沙哑、凄厉的鸣叫，令人感到几分阴森恐怖。但当你目睹它们面对惊涛骇浪泰然自若、轻灵敏捷如闪电的身影时，便会把它们在陆上的愚钝和夜晚的吵闹统统抛于脑后，心中充满敬佩。

弗雷泽岛

弗雷泽岛绵延于澳大利亚昆士兰州东南海岸，长 122 千米，面积 1620 平方千米，是世界上最大的沙岛。高大的热带雨林的雄伟残迹就矗立于这片沙土之上。移动的沙丘、彩色的砂石悬崖、生长在沙地上的雨林植物、清澈见底的海湾与绵长的白色海滩，构成了这个岛屿独一无二的景观。1992 年，弗雷泽岛作为自然遗产被联合国教科文组织列入《世界自然遗产名录》。

弗雷泽岛是由数百年前大陆南方的山脉受风雨剥蚀而开始形成的。风把细岩石屑刮到海洋中，又被洋流带向北面，慢慢沉积在海底。冰河时期海面下降，沉积的岩屑露出海面，被风吹成大沙丘。后来海面回升，洋流带来更多的沙子。植物的种子被风和鸟雀带到岛上，并开始在湿润的沙丘上生长。植物死后形成了一层腐殖质，使较大的植物可以扎根生长，沙丘便被固定住了。现在，全岛均是金黄色的沙滩和沙丘。有些地方耸立着红色、黄色和棕色的砂岩悬崖，砂岩悬崖被风浪冲刷成锥形和塔形的岩柱。

弗雷泽岛的雨量异常充沛，年降雨量可达 1500 毫米。因此在岛上形成了一个巨大的淡水地，蓄水量约 2000 万立方米。沙丘之间还有 40 多个淡水湖，其中包含了世界上一半的静止沙丘湖泊，这大大促进了沙丘植物

弗雷泽岛

的兴衰循环。布曼津湖，这个世界上最大的静止湖泊是弗雷泽岛最美丽的地方之一。

弗雷泽岛原名"库雅利",意思是"天国",这里一直美得很超然。1836年,一场暴风雨使"寻金"号轮船撞上了库雅利岛北部的斯温群暗礁。于是,船长詹姆斯·弗雷泽、妻子爱丽莎·弗雷泽和船员们划着小舟漂流到库雅利。库雅利的土著人抓住了他们,几个月后,只有爱丽莎·弗雷泽逃了出来。她利用这段特殊的经历,以动人的语言,向人们讲述库雅利岛,结果这个世外桃源一样的小岛引得许多渔民、传教士和伐木者大举迁移,岛名也因此变为"弗雷泽"。后来船长夫人的经历成为一部电影和几本小说的创作主题,弗雷泽岛从此闻名于世。

弗雷泽岛上,在高达240米的沙滩和悬崖后面生长着种类繁多的植物。这里森林茂密,喜欢潮湿的棕榈和千层树在积水的地方生机蓬勃;柏树、高大的桉树、成排的杉树以及非常珍贵的考里松也都舍意地在此安家落户。这些林地为很多动物提供了家园。世界上有超过300种原生脊椎动物,而生活在这个岛上的就多达240种。其中包括极为珍贵的绿色、黄色雏鹦哥,这种鹦鹉科鸟类,喜欢活动在靠近海岸的洼地和草原上。以花和蜜为食的红绿色金猩猩鹦哥,为密林增添了艳丽的色彩。地鹦鹉和大地穴蟑螂也是岛上的常住居民,因为在这里它们少有天敌。岛上的哺乳动物数量很少,但是这里却是澳洲野狗在澳大利亚东部的唯一栖息地。岛上的沙丘湖由于纯净度高、酸性强、营养含量低而鲜见鱼类和其他水生生物,一些蛙类却非常适应这种环境,特别是一种被称为"酸蛙"的动物,它们能忍受湖中的酸性而悠闲地生活。弗雷泽岛的高潮与低潮之间有大片的浅滩,这些浅滩为过往的迁徙水鸟提供了最好的中途栖息地。

岛上的小湖和溪流成为野生动物的饮水源,这些动物其中包括澳大利亚野马。它们其实是运木材的挽马和骑兵军马的后裔。每年的8~10月,弗雷泽岛附近的海面上,还常常能看到巨大的座头鲸喷出的水柱,以及它们跃出水面的样子。

在弗雷泽岛上还能看见葵花凤头鹦鹉。葵花凤头鹦鹉也叫葵花鹦鹉、黄巴旦等,产于澳大利亚北部、东部及东南部至昆士兰岛西部、新几内亚及北部、东部岛屿等地。葵花凤头鹦鹉体长40~50厘米,体羽主要为白色,头顶有黄色冠羽,耳覆羽、颊部、喉部、飞羽和尾羽沾有黄色,虹膜为暗褐色或红褐色，嘴呈暗灰色，腿、脚呈暗灰色。在受到外界干扰时，冠羽便呈扇状竖立起来，就像一朵盛开的葵花，因此得名。主要以植物种子、坚果、浆果、嫩芽、嫩枝为食。野生的葵花凤头鹦鹉常常栖息于平原、沼泽等附近的树林中，喜欢结群活动。鸣声响亮，善于用脚和嘴在树上攀缘，经常一只脚抓住树枝站立，另一只脚将握住的食物送入嘴中，脚趾非常灵活，葵花凤头鹦鹉善于长距离飞行。繁殖期在澳大利亚南部为 8 月至翌年 1 月，在澳大利亚北部则为 5~9 月。筑巢于靠近水源的大树上或岩洞里。每窝产卵 2~3 枚，孵化期为 28 天，由雄鸟和雌鸟共同孵化和育雏，育雏期为 70 天左右。寿命一般为 40 年左右，也有的活到 60~80 年。

沙克湾

沙克湾位于澳大利亚西部城市伯斯以北 800 千米处。这里是澳大利亚大陆的最西端，西临印度洋，向北抵达卡那封镇，向西延伸到沙克湾的外部岛链伯尔尼岛、多尔岛和德克哈托格岛，面积 21973 平方千米。沙克湾的意思是"鲨鱼湾"，湾内有世界上最大的鱼——鲸鲨。1991 年联合国教科文组织将沙克湾作为自然遗产，列入《世界自然遗产名录》。

庞大的水生生物之家沙克湾坐落在澳大利亚西海岸尽头，被海岛和陆地所环绕，以其中三个无可比拟的自然景观而著称。它拥有世界上最大的和最丰富的海洋植物标本，并拥有世界上数量最多的儒艮（海牛）和叠层石（与海藻同类，沿着土石堆生长，是世界上最古老的生存形式之一）。在沙克湾内，还同时保护着五种濒危哺乳动物。

沙克湾地区的海湾、水港和小儒艮岛支撑着一个庞大的水生生物世界，海龟、鲸、对虾、扇贝、海蛇和鲨鱼在这个地区都是很常见的水生生物。鲸鲨与其他鲨鱼不同，有漂亮的脊鳍，性情温和，体形巨大，长度一般超过 20 米，主要以进食浮游生物为主。

与此同时，在这里的一些地区，珊瑚礁、海绵和其他的无脊椎动物以及热带和亚热带鱼类形成一个很独特的生态群落。宽广平坦的海滩上生活着各种各样的掘穴类软体动物、寄居蟹和其他的无脊椎动物。但是在沙克

湾这个生态系统中最为基础的支撑还是"海草牧场"。

沙克湾拥有面积最大和种属分异度最高的海草平原。在其他地区，通常只有一到两种海草分布于很大的地理区域内。例如，在北美洲和欧洲的绝大多数地区只有一种海草，但在沙克湾地区却有 12 种之多。在海湾的一些地方，每平方米内可以很容易地鉴别出 9 种海草。海洋公园和在科学上具有重要意义的海草平原形成了沙克湾这一世界自然遗产的重要组成部分。沙克湾内有许多浅水地区，这些地区是跳水和潜水活动的良好场所。古德龙残骸被西澳大利亚海运博物馆评估为最佳的残骸之一。产于澳大利亚的海龟大多是食肉动物，一年四季在海湾中都可以见到单独出现的海龟。但大规模的海龟聚集从 7 月底才开始，尽管海龟的繁殖季节通常是在此之后。传统上，海龟和儒艮是其产地的土著居民餐桌上的佳肴。但在沙克湾地区，这两种动物并没有受到它们在世界其他地区一样的生存压力。

儒艮别名人鱼，属于儒艮科。儒艮的身体呈纺锤形，长约 3 米，体重 300 ~ 500 千克。全身有稀疏的短细体毛，没有明显的颈部，头部较小，上嘴唇似马蹄形，吻端突出有刚毛，两个近似圆形的呼吸孔并列于头顶前端，无外耳廓，耳孔位于眼后。无背鳍，鳍肢为椭圆形，尾鳍宽大，左右两侧扁平对称，后缘为叉形，无缺刻。鳍肢的下方有一对乳房。背部以深灰色为主，腹部稍淡。儒艮为海生草食性兽类。其分布与水温、海流以及作为主要食品的海草分布有密切关系。多在距海岸 20 米左右的海草丛中出没，有时随潮水进入河口，取食后又随退潮回到海中，很少游向外海。以 2 ~ 3 头的家族群活动，在隐蔽条件良好的海草区底部生活，定期浮出水面呼吸，常被人认作"美人鱼"浮出水面，给人们留下了很多美丽的传说。儒艮是由陆生草食动物演化而来的海生动物，曾遭到严重捕杀，资源受到破坏，有待加强保护。

沙克湾的佩伦半岛上，生活着一种鼠类，它比普通的老鼠稍大一些，又密又厚的毛覆盖着身体上的黑色和茶色斑点。目前，这种鼠的数量已经不多了。

宽阔的珊瑚丛是水下观赏的又一美景。珊瑚礁块的直径大约有 500 米左右，其间充斥着丰富的海洋生物。无数色彩斑斓的珊瑚争相映入人们的眼帘、蓝色、紫色、绿色、棕色等，真是美不胜收。这个地区海生的浅紫色海绵也极为有名。在这个地区，有一个美丽的蓝色石松珊瑚的生长群落，仿佛是一个大花园。此外，头珊瑚和平板珊瑚也随处可见。

埃尔斯米尔岛

　　加拿大的埃尔斯米尔岛是世界第九大岛，面积20万平方千米。埃尔斯米尔岛中部地区，气候终年严寒，为巨大的冰层所覆盖，没有植被和土壤。埃尔斯米尔岛北端距离北极不到250千米。在这样酷寒的极地，只有极特殊的动物才能生存，北极狼就是其中之一。在世界上其他地区，狼群饱受人类的迫害而对人类深怀戒心。然而此地人迹罕至，北极狼徜徉在冰雪荒原上悠然自得，对人类毫不畏惧。

　　北美洲西北地区的地形地貌都深受第四纪冰川的影响。埃尔斯米尔岛所在的北极群岛在远古和北美大陆是一个整体，是古老的加拿大地质的一部分。冰川的压力使一部分陆地沉到海平面以下，冰川退却后没有回升到海平面以上，将一部分陆地隔成了岛屿，形成了北极群岛。北极群岛现在还有少数地方被冰川所覆盖，这里是南极和格陵兰以外冰川面积最大的地方。

　　北极群岛是世界上面积第二大的群岛。西北地区的南部并没有被冰川隔成岛屿，但是冰川却在这里造就出世界上最壮观的湖区。北极群岛的植被基本上都是苔原。

　　埃尔斯米尔岛的面积约为冰岛的两倍。当太阳融化朝南山坡的积雪时，在周围一片明亮耀眼的白色衬托下，岛上露出的灰黑色山岩显得分外压严、肃穆。经过千百年冰雪的侵蚀，有的山岭已磨圆了，看起来不如实际上高。北部格兰特地山脉的巴博峰海拔2600米，是北美东北部的最高峰。海岸线经冰川冲蚀参差不齐，有不少峡湾。有些峡湾，如阿切峡湾，两侧悬岸高出海面700米。

　　每年大部分时间，埃尔斯米尔岛的周围海面冰冻，天气寒冷。这里冬季气温可降至零下45摄氏度，夏季（从6月底至8月底）气温仍常常低于

埃尔斯米尔岛

7 摄氏度；在风和日丽的日子，气温可达到 21 摄氏度。这个岛虽然寒冷，但并不像想像中那样覆盖着厚厚的积雪，只是一个荒漠，年平均降水量（雪、雨和霜）只有 60 毫米。由于这里热量不足，地面蒸发很少。

面积广阔的埃尔斯米尔岛上只有南部的格赖斯峡湾有居民。早在 4000 年以前，一小部分古代爱斯基摩人从西伯利亚经过冰封的白令海峡到达阿拉斯加。经过几个世纪的游猎，大约 2500 多年前，他们中的一部分人的足迹终于踏上了埃尔斯米尔岛。他们以麝牛和驯鹿为食，用它们的皮毛骨骼做衣服和武器，并改良方法猎杀海洋动物，最终兴旺繁荣起来，成为了现代因纽特人的祖先。他们发展出不可思议的技艺，在皮船上捕捉包括鲸在内的各种海洋哺乳动物，狗拉雪橇成为重要的陆上交通工具。因此，埃尔斯米尔岛成了一个研究加拿大北部原住民的重要场所。

埃尔斯米尔岛上没有树木，离它最近的树生长在南部的加拿大大陆上。夏季，这里的大部分地区没有积雪，北极罂粟等野花在小溪边等适宜的地方盛开。黑曾湖地区是这片广大荒原上的最大绿洲。到了夏天，湖畔生机勃勃，生长着苔藓、伏柳、石楠和虎耳草等。夏季草原上有成千上万雪白的北极野兔、成群的麝牛和驯鹿。

生活在埃尔斯米尔岛上的驯鹿比大陆上的驯鹿要小，毛色较白，冬季不向南迁徙，同麝牛和北极野兔一样，只能依靠刨食积雪下的地衣和绿色植物过冬。无论冬夏，它们都是北极狐和狼的猎物。来此度夏的许多鸟，冬季都南飞到较温暖的地方。北极燕鸥几乎飞行地球半圈到南极地区去过夏天。雪和岩雷鸟冬季仍留在岛上，寻觅冬季植物维持生命。

北极狼分布在加拿大北极群岛及格陵兰北海岸，大概在北纬70度的北边。它们生活在荒芜的地带，包括苔原、冰河谷及冰原。北极狼能够忍受零下55摄氏度的寒冷温度。北极狼有一身白色且比南方狼更加浓密的毛。它们的耳朵比较小也比较圆，鼻子稍短，腿很短。它们的体重较重，一只发育完全的公狼重达80千克。北极狼吃它们所能捕获的任何动物，从野鼠、旅鼠、野兔及小鸟到驯鹿及麝牛。它们必须成群一起猎捕驯鹿及麝牛等大型猎物。由于这个范围内掩蔽物极少，北极狼必须逼近有警觉的兽群防御圈，圈内有幼兽在中央，北极狼群绕这群动物转，试图迫使它们分散开以便隔离出那些年幼或身体衰弱的成员来。一头麝牛就足够北极狼维持好几天的生活。北极狼是狼族中唯一没有受到生存威胁的动物。偏远的栖息地使它们可以远离人类，而避免因人类威胁所带来的绝种危机。

 ## 阿卡迪亚岛

阿卡迪亚岛位于美国东部缅因州海岸附近，是5亿年来地质运动的壮丽结果。火山爆发喷出的岩浆被海水冷却，塑造了阿卡迪亚岛的雏形。后来，冰川时期的冰河在岛上奔流，重新塑造了阿卡迪亚岛，形成了美国东部独特的海湾——桑斯桑德海湾。这里最初是法国殖民地，由法国人命名为"秃山岛"。海和山巧妙的结合可以说是阿卡迪亚岛最大的特点。海显得气势磅礴，山顶的石头有点儿怪异，或光秃秃，或苔藓地衣铺满，植被上和别的岛有很大不同。

1604年，法国探险家萨缪尔·查普兰率领的探险船队在阿卡迪亚岛的浅滩搁浅。大雾遮蔽了他的视野，整个岛屿笼罩在朦胧之中，于是他把这座岛屿命名为"秃山"。1759年，欧洲人开始在岛上定居。19世纪初，美国艺术家汤姆斯·科勒和弗里德里克·切奇先后来到此岛寻找创作灵感。他们被这里的原始纯朴深深打动了，创作了一批风景画。随后，阿卡迪亚岛名声远播，逐渐成为美国富裕的工业家们的避暑胜地，洛克菲勒、卡内基、福特和摩根家族都在这里建造了豪华的别墅。

1913年，一个名叫乔治多尔的人向美国联邦政府捐赠了将近2.4平方千米的岛上土地，以便大众能欣赏到这块土地上的美丽景色，并使这些土地上的景物能够得到保护。洛克菲勒家族随后也捐献了4.45平方千米的岛上土地。1919年，美国总统威尔逊签署法案，确定在这些捐赠土地上成立拉斐特国家公园——这是密西西比河以东的第一个国家公园。1929年，公园改名为"阿卡迪亚"。

起伏的山脉是阿卡迪亚岛最主要的地理特征。岛上草木丛生，山势成斜坡向下插入海洋。阿卡迪亚岛海湾聚集了丰富的海洋动植物资源，包括藻类、海螺、鲸和龙虾等各种海洋生物。海洋学家常年在这里观察海豚、海豹和海鸟的生活习性。长年不散的烟雾经常使海上一片模糊，船只的航行变得十分危险。阿卡迪亚岛海边矗立着五座灯塔，它们至今还在发挥作用。

卡迪拉克山脉是阿卡迪亚岛东海岸的一个奇特景观。它以发现底特律的法国探险者卡迪拉克命名。由于1947年的火灾，岛上近4平方千米的植被被烧毁，后来重新长出的云杉和冷杉更显蓬勃。人们可以骑自行车沿着洛克菲勒家族修建的道路深入森林探险，中途还可以领略约旦池塘、鹰湖的美丽原始景色。静静的森林里，海狸在蜿蜒的小河上筑坝建巢，忙忙碌碌。人们爬上萨格特峰或派诺斯各特山脉还可以看到法国天使海湾和桑斯桑德海湾令人惊叹的壮丽景观。

阿卡迪亚岛寂静的海湾

在阿卡迪亚岛的海里住着一个人类的朋友——海豚。海豚是海里智力最发达的哺乳动物，它是鲸类家族中最小的一种。海豚最大才四米多长，体重只有一百多千克。它们的身体呈流线型，除了胸鳍之外，它们还长有一片背鳍，尾巴扁平而有力。海豚特别活泼，喜欢玩耍，它们有时爱找海龟游戏。海豚成群地游到海龟底下，用又尖又硬的鼻子一顶，把海龟顶向海面，然后就试图把它翻转过来，让它仰面朝天。有时一群海豚会同时跃起，一下子压向海龟，把它压得沉下水去好几米，不等海龟恢复平衡，又有几只海豚压下来，弄的海龟只好把头和四肢缩进龟壳。海豚是海中最善于游泳的动物之一，它们的最快游泳时速能达 80～120 千米，超过陆地上跑的最快的猎豹。海豚的大脑异常发达，它们的大脑与身体的比例仅次于人的大脑与身体的比例，而且大脑的沟回也特别多，记忆力极好，其学习和模仿能力超过猿猴。海豚显得格外聪明，也容易与人交流。